Temesgen Mekonen
Yeshanew Ashagrie
Belayneh Ayele

Especiarias de plantas lenhosas Diversidade, estrutura e gestão de Woynwuha Fores

Temesgen Mekonen
Yeshanew Ashagrie
Belayneh Ayele

Especiarias de plantas lenhosas Diversidade, estrutura e gestão de Woynwuha Fores

ScienciaScripts

Imprint
Any brand names and product names mentioned in this book are subject to trademark, brand or patent protection and are trademarks or registered trademarks of their respective holders. The use of brand names, product names, common names, trade names, product descriptions etc. even without a particular marking in this work is in no way to be construed to mean that such names may be regarded as unrestricted in respect of trademark and brand protection legislation and could thus be used by anyone.

Cover image: www.ingimage.com

This book is a translation from the original published under ISBN 978-3-659-82442-5.

Publisher:
Sciencia Scripts
is a trademark of
Dodo Books Indian Ocean Ltd. and OmniScriptum S.R.L publishing group

120 High Road, East Finchley, London, N2 9ED, United Kingdom
Str. Armeneasca 28/1, office 1, Chisinau MD-2012, Republic of Moldova, Europe
Printed at: see last page
ISBN: 978-620-8-28077-2

Índice:

AGRADECIMENTOS

Acima de tudo, gostaria de agradecer a Deus Todo-Poderoso por ter tornado o meu esforço frutífero e pela realização do estudo. Estou em dívida para com as minhas famílias que muito se têm esforçado para que a minha vida tenha sucesso.

Gostaria de expressar os meus sinceros agradecimentos aos meus conselheiros, Dr. Yeshanew Ashagrie e Dr. Belayneh Ayele, pelos seus comentários construtivos, apoio profissional e encorajamento amigável sem qualquer sinal de cansaço até à conclusão deste trabalho. Os meus agradecimentos estendem-se também ao Sr. Solomon Melaku, que partilhou as suas experiências ao longo deste processo de investigação.

Gostaria de agradecer ao pessoal do Gabinete Agrícola do Distrito de Goncha Siso Enesie e aos Agentes de Desenvolvimento (ADs) debreyakob kebele pelo fornecimento de informação secundária sobre a área de estudo. Os meus agradecimentos especiais vão também para a minha mãe W/ro Atala Bogale, os meus irmãos mais novos Fenta Mekonen, Mola Mekonen e Yalelet Nibretu e as minhas irmãs mais novas Ehitnesh Mekonen, Tadfalech Mekonen, Alemtsihay Mekonen e Mezina Mekonen pelo seu apoio financeiro e logístico. O meu profundo agradecimento às minhas irmãs mais novas, Zenebech Mekonen e Netsanet Mekonen, pelo seu apoio moral.

Agradeço também vivamente ao Sr. Workneh Mekete, ao Sr. Belete Meseret, ao Sr. Melisew Gezahgne, ao Sr. Mekonnen Giza, ao Sr. Zelalem Yilak, ao Sr. Solomon Mekurea, ao Sr. Melkamu Mulatea, ao Sr. Mulugeta Betew, ao Sr. Natinael Asress, ao Sr. Getnet Mihret, à Sra. Yeshihasab Abeza, à Sra. Ajebush Fetene e ao Sr. Yibeltal e Zeru e a outros membros da equipa Mertule Mariam de formação em agricultura, técnica e ensino profissional (Formação em Agricultura, Técnica e Ensino Profissional). Getnet Mihret, Miss Yeshihasab Abeza, Miss Ajebush Fetene e Mr. Yibeltal e Zeru e outros membros do pessoal do Colégio Mertule Mariam de Agricultura, Formação Técnica e Profissional (ATVET) pela sua inestimável e alegre colaboração durante a recolha de dados no terreno. Os meus agradecimentos vão também para os estudantes Dagnachew, Beruk e kefale pela sua ajuda durante a recolha de dados no terreno. Agradeço ao Sr. Bekalu Muluneh, ao Sr. Alemu Degwale, ao Sr. Eyob Dagne, ao Sr. Amare Tsige, ao Sr. Melak Agmas e ao Yibeltal sewunet pelo seu encorajamento durante o trabalho de investigação. Finalmente, gostaria de expressar o meu mais profundo apreço e agradecimento a todos os amigos e colegas que me ajudaram a concluir com êxito este trabalho de tese e, mais importante ainda, àqueles que contribuíram de uma forma ou de outra não mencionada aqui; que Deus vos pague! Sem a ajuda e a contribuição destas pessoas, este trabalho de investigação não teria sido bem sucedido.

DEDICAÇÃO

Este livro é dedicado ao meu pai, Mekonen Demewozie, de quem senti a falta há três anos. Na realidade, ele era o meu pai, mas tudo para mim e sempre desejou o melhor para mim, mas não teve oportunidade de ver os meus êxitos. Por isso, rezo ao Deus Glorioso para que o seu corpo descanse em paz no jardim sagrado da Igreja Ortodoxa Etíope Tewahido (EOTC) e para que a sua alma esteja para sempre no céu. Este livro é também dedicado ao meu irmão mais novo, a minha filha Dagem Fenta, e às minhas irmãs Beruk e Saron Getnet e Natanim Gashaw.

CAPÍTULO 1

INTRODUÇÃO

1.1. Antecedentes e justificação

A conservação e a utilização sustentável da diversidade biológica e a erradicação da pobreza extrema são dois dos principais desafios globais do nosso tempo. A comunidade internacional reconheceu que estes dois desafios estão intimamente ligados e exigem uma resposta coordenada. A proteção da biodiversidade é essencial na luta para reduzir a pobreza e alcançar o desenvolvimento sustentável. Setenta por cento das pessoas pobres do mundo vivem em zonas rurais e dependem diretamente da biodiversidade para a sua sobrevivência e bem-estar. O impacto da degradação ambiental é mais grave para as pessoas que vivem na pobreza, porque elas têm poucas opções de subsistência para recorrer (IUCN's, 2010).

A maior parte das florestas naturais em África enfrenta a pressão das comunidades que retiram o seu sustento básico das florestas ou da terra onde cultivam, e uma pressão ainda maior das empresas de plantações comerciais e dos extractores de madeira e de outros produtos. Os conflitos ocorrem frequentemente devido à concorrência pelos recursos florestais provenientes dos meios de subsistência das populações locais, do comércio, da vida selvagem e da silvicultura, e a taxa alarmante de perda de biodiversidade nas florestas africanas constitui uma preocupação internacional (Leon Bennun *et al.*, 2004).

De acordo com Gaston (2000), a biodiversidade está distribuída de forma heterogénea por toda a Terra, algumas áreas estão repletas de variações biológicas (por exemplo, algumas florestas tropicais húmidas e recifes de coral), outras são praticamente desprovidas de vida (por exemplo, alguns desertos e regiões polares) e a maioria situa-se algures no meio. A Etiópia é caracterizada por uma vasta gama de condições edáficas e climáticas, responsáveis por uma grande diversidade dos seus recursos biológicos, tanto em termos de riqueza floral como faunística, e o país é reconhecido como um dos mais importantes centros mundiais de diversidade genética (Vavilov, 1951; Harlan, 1969; Zemede Asfaw, 1997; Zemede Asfaw e Mesfin Tadesse, 2001; Ewnetu Dersha, 2006; Mulat Demeke *et al*, 2006; Tesema Tanto e Abebe Demissie, 2006; IBC, 2008). Como citado por Solomon Melaku (2012).

As terras altas da Etiópia, que constituem cerca de 44% do país, são o maior complexo montanhoso de África e compreendem mais de 50% da superfície terrestre africana coberta por vegetação afromontana (Tamrta Bekele, 1993), da qual as florestas afromontanas secas constituem a maior parte (Demel Teketay, 1996). Ao contrário da maioria dos sistemas montanhosos fora de África, estas florestas são muito adequadas para a habitação humana. Por conseguinte, 88% da população, 95% das terras cultivadas e cerca de três quartos do gado encontram-se nas terras altas (EFAP, 1993; Hurni, 1988). Esta pressão populacional sobre as terras altas, acompanhada por uma agricultura sedentária, actividades extensivas de pastoreio de gado e instabilidade sócio-política, resultou numa forte desflorestação, fragmentação florestal, perda de biodiversidade em particular e empobrecimento dos ecossistemas em geral.

A Etiópia é um dos poucos países do mundo que possui uma flora e fauna caraterísticas únicas com um elevado nível de endemismo (WCMC, 1991). Estima-se que entre 6.500 e 7.000 espécies de plantas superiores ocorram na Etiópia, das quais cerca de 15% são endémicas (WCMC, 1992). A Etiópia é o quinto maior país floral da África tropical (WCMC, 1991). As florestas naturais remanescentes nas terras altas do centro e do norte encontram-se apenas como pequenas manchas isoladas em locais inacessíveis e em redor das numerosas igrejas e cemitérios. Em 2000, a percentagem de cobertura florestal foi estimada em 4,16%, após o que cerca de 40.295 ha da área florestal foram desmatados entre 1999 e 2000 (FAO, 2001).

A desflorestação das florestas de montanha na Etiópia parece ter ocorrido relativamente cedo, e foi extensa em comparação com outros países da África Oriental (Bonnefille e Hamilton, 1986; Siiriainen, 1996). No entanto, o desaparecimento das florestas foi drástico durante os últimos cem anos, tendo a taxa máxima de desflorestação sido atingida na década de 1950 e no início da década de 1960 (Pohjonen e Pukkala, 1990). A evolução demográfica na Etiópia sugere que a desflorestação anterior ao século passado foi muito provavelmente localizada e que foi desde então que se verificou uma desflorestação extensiva. Existe controvérsia quanto à extensão do coberto florestal anterior na Etiópia. De acordo com Sayer (1992), cerca de 87% das terras altas tinham coberto florestal, mas este valor foi reduzido para 40% em 1950 e para apenas 5,6% em 1980. Um relatório da EFAP (1993) indicava que cerca de 66% do país estava coberto por florestas e bosques de altitude, enquanto Aklog Laike (1990) indicava que apenas 37% da superfície terrestre estava coberta por florestas e bosques. As operações florestais não sustentáveis e outras pressões sobre os recursos florestais, como a recolha de lenha, podem conduzir à degradação das florestas e a perdas permanentes de biodiversidade. A nível mundial, mais de metade do bioma das florestas temperadas de folha larga e mistas e quase um quarto do bioma das florestas tropicais húmidas foram fragmentados ou removidos pelo homem (SCBD, 2008).

Em consequência da desflorestação, as florestas e bosques da Etiópia têm vindo a diminuir tanto em dimensão como em riqueza de espécies. Devido à contínua invasão, é altamente provável que as actuais florestas fragmentadas nas terras altas sejam muito mais empobrecidas em termos de diversidade florística do que as florestas que outrora ocupavam o mesmo local. O número de espécies e a diversidade genética intra-específica em florestas fragmentadas diminuirão ao longo do tempo após o isolamento, devido a uma variedade de factores, como a consanguinidade e a deriva genética (Turner e Corlett, 1996). De facto, a desflorestação reduziu a diversidade biológica a tal ponto que algumas plantas enfrentam a extinção local. Algumas das espécies arbóreas remanescentes nas terras altas do norte e do centro estão em perigo, uma vez que se encontram como indivíduos isolados e a sua capacidade de formar populações viáveis é muito duvidosa. Calcula-se que 2,5% das espécies de plantas superiores se perderam devido à desflorestação nas regiões montanhosas da África tropical entre 1981 e 1990 (FAO, 1993).

Os Objectivos de Desenvolvimento do Milénio (ODM) foram estabelecidos pelas Nações Unidas em 2000 para combater a pobreza, a fome, a doença, o analfabetismo, a desigualdade entre os sexos e a degradação ambiental. Integram a meta de biodiversidade para 2010, estabelecida em 2002 pela Convenção sobre a Diversidade Biológica, para alcançar, até 2010, uma redução significativa da taxa de perda de biodiversidade. A biodiversidade é uma questão fundamental para a realização de todos os ODM e para o cumprimento deste compromisso internacional até 2015 (IUCN, 2010).

1.2. Declaração do problema

As condições naturais na área de estudo foram alteradas, pelo que se pode prever que, até se encontrarem alternativas aceitáveis, a desflorestação continuará indubitavelmente e os recursos florestais naturais esgotar-se-ão nos próximos anos. Esta situação pode levar à redução da fertilidade do solo, à secagem dos cursos de água e à perda de flora e fauna. Embora tenham sido realizados estudos semelhantes noutros distritos (Tamrat Bekele, 1994; Demel Teketay e Tamrat Bekele, 1995; Haileab Zegeye, 2005; Dereje Mekonnen, 2006; Kitessa Hundera e Tsegaye Gadissa, 2008; Hingabu Hordofa, 2011; Solomon Melaku, 2012). Faltam informações sobre a composição, a estrutura e o estado de regeneração das espécies de plantas lenhosas e a sua gestão na floresta natural de Woynwuha, distrito de Gonch Siso Enesie.

1.3. Objectivos do estudo

1.3.1. Objetivo geral

O principal objetivo deste estudo é investigar a composição das espécies de plantas lenhosas, o estado de regeneração, a estrutura da vegetação e os seus problemas de gestão da floresta natural de Woynwuha no distrito de Goncha Siso Enesie, Noroeste da Etiópia.

1.3.2. Objectivos específicos

- Investigar a diversidade de espécies de plantas lenhosas da floresta
- Avaliar a estrutura e a regeneração das espécies vegetais lenhosas na floresta
- Avaliar o estado de gestão da floresta.

1.4. Questão de investigação

Com vista a atingir os objectivos específicos declarados, o estudo centrou-se nas seguintes questões de investigação.

- Qual é o aspeto da diversidade de espécies de plantas lenhosas da área de estudo?
- Que tipo de estrutura de espécies de plantas lenhosas e de regeneração existe?
- Existem problemas de gestão da floresta? Se sim, quais são? Como é que podem ser resolvidos?

1.5. Importância do estudo

Com as declarações de problema acima referidas, o presente estudo foi concebido para investigar quais as espécies presentes, quais as espécies com bom desempenho, quais as espécies ecologicamente importantes, a lista da composição das espécies de plantas lenhosas, a estrutura e o estado de regeneração das espécies de plantas lenhosas e o problema de gestão foram estudados e documentados. Os resultados do estudo darão um contributo importante para o desenvolvimento de práticas de gestão florestal sustentável que conduzirão à conservação da biodiversidade florestal da zona. Para além disso, é importante estudar a influência das comunidades na floresta natural de Woynwuha.

Por conseguinte, o presente estudo foi iniciado para dar respostas à questão de investigação acima mencionada e documentar os resultados que fornecerão informações e recomendações relevantes sobre a gestão, utilização sustentável e conservação dos recursos florestais no distrito. A informação gerada servirá de base para facilitar a troca de ideias entre especialistas no terreno, decisores políticos, ONGs e investigadores, criando uma consciencialização sobre como manter e conservar os recursos florestais naturais, que estão sob risco em série devido a competições. Além disso, pode abrir novas portas para outros estudos destinados a melhorar a contribuição da floresta para os meios de subsistência. Por conseguinte, este estudo é necessário para preencher a lacuna e é muito importante.

CAPÍTULO 2

REVISÃO DA LITERATURA

2.1. O que é a Biodiversidade?

A diversidade biológica ou biodiversidade foi definida como "a variabilidade entre os organismos vivos de todas as origens, incluindo, nomeadamente, os ecossistemas terrestres, marinhos e outros ecossistemas aquáticos e os complexos ecológicos de que fazem parte, incluindo a diversidade dentro das espécies, entre espécies e dos ecossistemas (IBC, 2005). Em suma, a biodiversidade refere-se à variedade de vida na terra. Simplesmente, a biodiversidade é a variedade de todos os seres vivos, os lugares que habitam e a interação entre eles. As interações entre os componentes da biodiversidade tornam a Terra habitável para todas as espécies, incluindo os seres humanos (IUCN, 2010). Esta variedade fornece os blocos de construção para se adaptar às condições ambientais em mudança no futuro (IBC, 2005). De acordo com Dereje Mekonnen (2006), a diversidade biológica é definida como a variabilidade total de todos os organismos vivos e dos complexos ecológicos em que ocorrem, frequentemente abreviada para "biodiversidade". A diversidade de espécies refere-se ao número de espécies encontradas numa determinada área. A diversidade genética, por outro lado, refere-se à variedade de genes numa determinada espécie, variedade ou raça (WRI-IUCN-UNEP, 1992; IPGRI, 1993). Além disso, a diversidade vegetal refere-se à totalidade e à variabilidade de todas as plantas e dos seus ecossistemas.

A biodiversidade tem um contributo significativo para a economia mundial, especialmente em sectores como a agricultura e a silvicultura, e para a prestação de serviços ecossistémicos como a água potável e a fertilidade dos solos. Setenta por cento das pessoas pobres do mundo que vivem em zonas rurais dependem diretamente da biodiversidade para a sua sobrevivência e bem-estar. De acordo com o Banco Mundial (2004), estima-se que cerca de 60 milhões de indígenas dependem quase totalmente da biodiversidade das florestas e que cerca de 350 milhões de pessoas dependem em grande medida das florestas para a sua subsistência e rendimento. Além disso, cerca de 1,2 mil milhões de pessoas dependem de sistemas agrícolas agro-florestais em todo o mundo.

Apesar das supremas vantagens ecológicas e socioeconómicas, as florestas e a biodiversidade que nelas existe estão sujeitas a uma enorme pressão devido a factores naturais e antrópicos. Na Etiópia, em particular nas florestas tropicais de Afromontane, a destruição e a degradação do habitat devido a actividades antropogénicas estão a reduzir o coberto florestal e a biodiversidade associada (Tadesse Woldemariam e Demel Teketay, 2001). Por exemplo, nas últimas três décadas, cerca de 60% da área florestal da Etiópia foi modificada ou destruída por influências antropogénicas, tais como novas povoações, conversão para outras utilizações da terra e extração de madeira (Reusing, 1998).

2.1.1. Ecologia da vegetação e composição florística

A vegetação que cobre uma área tem uma estrutura e composição definidas, desenvolvidas em resultado de uma interação a longo prazo com factores bióticos e abióticos, e qualquer alteração no estado destes factores perturba a composição florística do ambiente. A perturbação persistente causada pela exploração biótica desencadeia alterações que acabam por resultar no declínio da qualidade da vegetação e na redução da diversidade e abundância das espécies vegetais indígenas e da maioria da fauna (Greig, 1964). Funcionalmente, a vegetação é um todo organizado e integrado que as espécies individuais e as propriedades que possui (Greig, 1983). A mesma fonte mostra que a vegetação é um sistema holístico por si só e é a caraterística mais óbvia da superfície terrestre que forma o ambiente imediato do ser humano e dos seus animais domésticos.

O estudo da composição florística permite-nos construir uma imagem mental de uma área sob investigação e permite a comparação, bem como a classificação final de diferentes unidades de vegetação Kershaw (1973). Shimwell (1984) salientou que a análise da vegetação tem cinco objectivos principais, que nos permitem compreender: as comunidades vegetais de uma área, a relação que existe dentro das comunidades, a forma como as comunidades vegetais se relacionam com o ambiente e expressam o seu ambiente, a forma como as espécies vegetais individuais se inserem nestas comunidades e a forma como as comunidades se desenvolvem e funcionam como um sistema vivo organizado.

Durante muito tempo, alguns ecologistas, como Clements (1916) e Odum (1971), consideraram que a vegetação é composta por certas comunidades vegetais distintas e bastante discretas. Este ponto de vista considera as comunidades como tendo um grau de organização interna, que modifica conjuntamente o ambiente com uma delimitação nítida de outras comunidades (Odum, 1971). Os conceitos de comunidade, por outro lado, tal como considerados por Ramensky (1924), Gleason (1926), Curtis e McIntosch (1951), consideram a individualidade das espécies e a comunidade como uma continuidade.

A ecologia da vegetação, a estrutura e a composição florística podem ser afectadas por dois factores mais importantes: factores socioeconómicos e/ou biofísicos. A destruição generalizada de bosques e habitats devido à agricultura e a outras actividades humanas (Huntley, 1982) pode ser considerada um fator socioeconómico significativo que ameaça a biodiversidade. A altitude e o clima podem ser considerados como factores biofísicos de alteração da biodiversidade. O crescimento, a diversidade e os tipos de espécies de plantas lenhosas que crescem numa determinada área são afectados pela altitude e pelo clima. A complexidade resulta das grandes variações de altitude que implicam diferenças espaciais igualmente grandes nos regimes de humidade e nas temperaturas em distâncias horizontais muito curtas (Zerihun Woldu, 1999). A interação complexa das variáveis ambientais ao longo de gradientes espaciais formará um gradiente ambiental complexo que caracteriza a natureza e a distribuição das comunidades ao longo das paisagens (Begon *et al.*, 1996; Urban *et al.*, 2000; Tuomisto *et al.*, 2003).

A altitude afecta a temperatura, a humidade, a radiação e a pressão atmosférica, influenciando assim o crescimento e o desenvolvimento das plantas e a distribuição da vegetação. A altitude é um dos factores ambientais mais importantes que determinam o tipo de comunidade vegetal (Friis, 1992; Lieberman *et al.*, 1996; Lovett *et al.*, 2001; Smith e Huston, 1989). Além disso, os factores altitudinais que determinam a natureza do solo e as condições de humidade e temperatura prevalecentes têm um efeito muito significativo na vegetação.

De acordo com Zerihun Woldu *et al.*, (1999), o fator mais importante que ordena o estrato arbustivo-arbóreo no respetivo tipo de vegetação é a altitude, pois está correlacionada com os seus factores ambientais, como a temperatura, a matéria orgânica, o pH do solo, o teor de argila e de cálcio. Por conseguinte, a altitude é um fator importante, que afecta a temperatura, a radiação, a humidade e a pressão atmosférica, e influencia o crescimento e o desenvolvimento das plantas e a distribuição e composição da vegetação (Oasting, 1956; Toomey, 1947). Em geral, a partir da discussão acima, é possível concluir que a altitude afecta o clima e o seu efeito na temperatura varia consideravelmente de acordo com as condições prevalecentes, especialmente o aspeto e a inclinação da encosta.

De acordo com (Polunin, 1960; Riley e Young, 1966), um relevo topográfico forte tende a produzir um clima local mais marcado. A manutenção de uma biomassa óptima a um determinado nível pode ser problemática porque a produtividade das plantas é sustentada pelo clima, o que provoca uma grande variabilidade anual na produção de forragem nas pastagens áridas. Isto pode significar que a riqueza de espécies herbáceas em qualquer local varia de estação para estação e de ano para ano, com anos de precipitação excecional a produzirem maior riqueza de espécies herbáceas do que em anos secos. No seu conjunto, as variações climáticas tornam-se cada vez mais extremas e rápidas com o aumento da altitude, e este tipo de clima local não teria lugar se não fosse a topografia (Hedberg, 1964).

Devido a estes factos, a Etiópia tem condições climáticas muito diversas, que vão desde o deserto quente e seco nas zonas de planície, parte das quais se situam a 116 m abaixo do nível do mar, até habitats alpinos frios e húmidos nas terras altas, que se elevam a mais de 4620 m acima do nível do mar. Esta diversidade de condições climáticas e de habitats contribuiu em parte para a presença de uma grande diversidade de espécies vegetais e animais. A Etiópia é um dos 20 países mais ricos do mundo em biodiversidade (WCMC, 1992).

2.1.2. Regeneração de espécies vegetais lenhosas

A floresta é dinâmica, mudando continuamente à medida que as árvores crescem e morrem e outras as substituem através da regeneração. As plantas florestais possuem várias estratégias ou vias de regeneração (Garwood, 1989; Demel Teketay, 2005): (i) chuva de sementes: sementes recentemente dispersas; (ii) banco de sementes no solo: sementes dormentes no solo; (iii) banco de plântulas ou regeneração avançada: plântulas estabelecidas e suprimidas no sub-bosque; e (iv) talhadia: rebentos de raízes ou rebentos de indivíduos danificados.

A regeneração vegetativa por talhadia ou rebentação parece ser um modo importante de regeneração, uma vez que a maior parte das espécies de árvores e arbustos apresenta uma capacidade de rebentação após o corte (Eshetu Yirdaw, 2002). Vários factores podem determinar a atividade regenerativa das espécies vegetais. Por exemplo, o fosso produzido na floresta é um mecanismo natural básico de auto-manutenção de diferentes ecossistemas florestais desenvolvido ao longo de muitas regenerações de árvores. Acredita-se que este mecanismo está correlacionado com a grande mudança no microclima próximo e abaixo do solo, como a intensidade da luz, a temperatura e o stress da seca no solo (Demel Teketay, 2005).

Dependendo da espécie de planta, a regeneração de uma determinada planta pode ser influenciada positiva ou negativamente pela lacuna produzida na floresta. Foi efectuado um estudo por Getachew Tesfaye *et al.*, (2011) na floresta de Munessa-Shashemene sobre o crescimento e a sobrevivência de plântulas de espécies arbóreas indígenas ao longo de um gradiente de luz. O resultado mostrou que a sobrevivência das plântulas era mais elevada com pouca luz e diminuía com o aumento da luz. De acordo com Uriarte *et al.*, (2005) um estudo sobre o recrutamento de plântulas, a disponibilidade de luz pareceu dividir as espécies em três grupos, com maior sucesso no estabelecimento de plântulas em níveis de luz baixos (<5% de sol pleno), intermédios ou altos (>30% de sol pleno). A perturbação é outro fator determinante que limita ou aumenta a regeneração. As perturbações actuais nas florestas secas de Afromontane incluem a ação do vento, incêndios naturais e provocados pelo homem, deslizamentos de terras, pastoreio, abate de árvores e desmatamento para cultivo. Entre estas, a maior perturbação é a limpeza/queima extensiva de florestas e a sua conversão em terras agrícolas permanentes (Demel Teketay, 2005).

Em geral, a regeneração pode ser inibida por factores que esgotam a reserva de plântulas persistentes no andar superior, inibem a transição de plântula para plântula, ou impedem que a plântula avance para a árvore (Bernhardt e Swiecki, 1993). Numa situação em que a regeneração é deficiente, observa-se um número reduzido de plântulas e/ou de mudas do que de espécies maduras. Se assim for, as florestas estão a enfrentar uma extinção local, ou seja, algumas espécies de árvores ainda estão presentes, mas tornar-se-ão localmente extintas porque não há mais regeneração (Ermias Aynekulu, 2011).

2.2. Riqueza de espécies, significado e sua medição

A riqueza de espécies numa área indica a biodiversidade total dessa área em particular. Todas as espécies apresentam variações genéticas entre indivíduos e populações. A variação genética permite a seleção natural e a adaptabilidade às alterações do ambiente, o que, em última análise, garante a sobrevivência das espécies. A diversidade genética das espécies domésticas e dos seus parentes selvagens permite aos investigadores desenvolver variedades melhoradas de animais e plantas para as necessidades humanas (Erdtman, 1969).

Uma elevada diversidade de espécies reduz o risco de grandes alterações nos processos dos ecossistemas em resposta a variações direcionais ou estocásticas no ambiente ou em resposta a invasões de agentes patogénicos e outras espécies (Holsinger, 2003-2009). O número de espécies de plantas, animais e microrganismos, a enorme diversidade de genes nestas espécies, os diferentes ecossistemas do planeta, como os desertos, as florestas tropicais e os recifes de coral, fazem todos parte de uma Terra biologicamente diversa (Shah, 2009). Esta variedade fornece os elementos de base para a adaptação às condições ambientais em mudança no futuro (IBC, 2005). As estratégias adequadas de conservação e desenvolvimento sustentável tentam reconhecer este facto como parte integrante de qualquer abordagem. Por exemplo, a conservação da biodiversidade na exploração agrícola tem o potencial de beneficiar tanto o ecossistema da exploração agrícola como os ecossistemas da paisagem em que as explorações agrícolas estão situadas (IBC, 2005).

A diversidade de espécies tem duas componentes básicas. O primeiro é a riqueza de espécies: que é uma medida do número de espécies diferentes presentes num ecossistema. O principal problema da medição da riqueza de espécies é que o resultado depende do número de indivíduos registados (Newton, 2007). A segunda é a equitabilidade das espécies, que mede a abundância relativa das várias populações presentes num ecossistema ou avalia o afastamento do padrão observado em relação ao padrão esperado num conjunto hipotético (ou seja, todas as espécies são igualmente abundantes ou têm uma distribuição uniforme) (Magurran, 2004). A uniformidade compara a distribuição observada com a distribuição uniforme máxima possível do número de espécies na floresta estudada (Pielou, 1975) ou é a distribuição de indivíduos entre as espécies numa floresta estudada. A equitabilidade é máxima quando todas as espécies têm o mesmo ou quase igual número de indivíduos.

Num estudo ecológico destinado a medir a diversidade de espécies, pode determinar-se o número de indivíduos de cada espécie presentes numa floresta e, em seguida, calcular-se-ia um "índice de diversidade" para a floresta. A diversidade de espécies de plantas pode ser expressa não apenas pelo número total em áreas de estudo com diferentes tamanhos, mas também pelo número médio de espécies por unidade de área, o que permite uma comparação entre os locais investigados (Schmidt, 2005). Ou seja, a diversidade de espécies, a comparação do índice de diversidade com o de outras áreas fornece informações sobre a diversidade de espécies e a saúde do ecossistema. Naturalmente, vários factores podem afetar a diversidade de espécies e a proporção de grupos de espécies relacionadas com a floresta, incluindo a história do sítio, as práticas de gestão, o tempo decorrido desde a cessação da gestão e as condições existentes no sítio (Schmidt, 2005).

Algumas das medidas de diversidade mais utilizadas como 'índice de diversidade' são o índice de Shannon-Winner, o índice de Simpson e a equitabilidade de Shannon, a equitabilidade de Simpson e o índice da série logarítmica (índice alfa de Fisher) (Magurran, 2004, Wilsey e Stirling, 2007). De acordo com Magurran (2004), o índice de Shannon é tão limitado na maioria das circunstâncias que pode dificultar a interpretação, pois confunde dois aspectos da diversidade, a riqueza e a regularidade das espécies. O problema de interpretação está relacionado com o facto de um aumento do índice poder resultar quer de uma maior riqueza, quer de uma maior regularidade, ou mesmo de ambos. No entanto, o índice de Simpson tem um bom desempenho quer como estatística de diversidade para fins gerais, quer quando é reavaliado como medida de regularidade. Considera-se que o âmbito da biodiversidade vai desde a variação genética de organismos individuais dentro e entre populações de uma espécie, até diferentes espécies que ocorrem em conjunto em comunidades ecológicas (Groombridge, 1992). Abrange a vida selvagem, as plantas, as culturas domesticadas, os animais e a sua interface com os seres humanos. Além disso, abrange a interação entre a biodiversidade e muitos outros sectores/questões, como a agricultura, as pescas, a silvicultura, o comércio, a biotecnologia, a biossegurança e o acesso aos recursos genéticos e a partilha de benefícios dos mesmos, e fornece aos seres humanos alimentos, água doce, combustível, materiais de construção, medicamentos, etc. Por esta razão, a biodiversidade pode ser considerada como a própria matéria-prima que sustenta a vida na Terra (Allen *et al.*, 2003).

Uma comunidade biológica tem um atributo a que chamamos diversidade de espécies e foram sugeridas muitas formas diferentes de a medir. A diversidade de espécies refere-se ao número de espécies encontradas numa determinada área, enquanto a diversidade genética é a variedade de genes numa determinada espécie ou raça (IPGRI, 1993). O interesse recente pela conservação tem-se centrado fortemente na forma de medir a diversidade de espécies, tanto em plantas como em animais, utilizando diferentes índices de diversidade. A biodiversidade tem um significado mais lato do que a diversidade de espécies, pois inclui a diversidade genética, de espécies, de ecossistemas e cultural. No entanto, a diversidade de espécies continua a ser uma grande parte do foco da biodiversidade à escala local e regional.

Atualmente, a diversidade de espécies foi identificada como um dos principais índices de práticas sustentáveis de utilização dos solos e são despendidos recursos consideráveis para identificar e aplicar estratégias que invertam o atual declínio da biodiversidade a nível local, regional e internacional (Shackelton, 2000). Entre os diferentes coeficientes amplamente utilizados para calcular a diversidade de uma comunidade contam-se a riqueza de espécies, a regularidade e a heterogeneidade (Krebs, 1999). A riqueza de espécies é o conceito mais simples de diversidade de espécies que implica o número de espécies numa comunidade. É uma medida biologicamente adequada da diversidade alfa e é geralmente expressa em número de espécies por área de amostragem (Wilsey *et al.*, 2005). Por outro lado, a equitabilidade das espécies é a medida da equidade e tenta quantificar a representação desigual das espécies numa comunidade em relação a uma comunidade hipotética em que todas as espécies são igualmente comuns e a heterogeneidade é a medida da probabilidade de dois indivíduos escolhidos aleatoriamente de uma comunidade pertencerem a um grupo diferente ou espécie (Hulbert, 1978). A diversidade de espécies é medida através do registo da riqueza e da regularidade das espécies. Entre os índices que combinam a riqueza e a regularidade das espécies, o mais utilizado é provavelmente o índice de diversidade de Shannon (Magurran, 1988; Kent e Coker, 1992).

Geralmente, quanto maior for o número de espécies presentes numa amostra, mais rica é a amostra. Uma comunidade dominada por uma ou duas espécies é considerada menos diversificada do que uma comunidade em que várias espécies diferentes têm uma abundância semelhante. À medida que a riqueza e a regularidade das espécies aumentam, a diversidade aumenta (Wilsey *et al.*, 2005).

2.3. Índice de Frequência e Valor Importante

A frequência é definida como a proporção de quadrículas de amostragem em que são registados indivíduos de uma espécie. As medidas de frequência revelam a uniformidade da distribuição das espécies na área de estudo, o que, por sua vez, revela a preferência de habitat das espécies (Silvertown e Doust, 1993 citado em Abeje Eshete *et al.*, 2005). Por outras palavras, dá uma indicação aproximada da homogeneidade do povoamento em consideração (Kent e Coker, 1992).

O Índice de Valor de Importância (IVI) permite uma comparação de espécies num determinado tipo de floresta e descreve a estrutura sociológica de uma população na sua totalidade na comunidade. Reflecte frequentemente a extensão da dominância, ocorrência e abundância de uma dada espécie em relação a outras espécies associadas numa área (Kent e Coker, 1992; Kindeya G/Hiwot, 2003; Simon Shibru e Girma Balcha, 2004). Também é importante comparar o significado ecológico de uma determinada espécie. Por conseguinte, é um bom índice para resumir as caraterísticas da vegetação e classificar as espécies para práticas de gestão e conservação.

2.4. Estrutura da população de plantas

A estrutura da população é definida como a distribuição de indivíduos de cada espécie em classes de tamanho de diâmetro-altura arbitrárias para fornecer o perfil geral de regeneração da espécie em estudo (Peters, 1996; Simon Shibru e Girma Balacha, 2004). A informação sobre a estrutura da população de uma espécie arbórea indica a história das perturbações passadas nessa espécie e no ambiente e, por conseguinte, é utilizada para prever a tendência futura da população dessa espécie específica (Peters, 1996). A estrutura da população é um instrumento extremamente útil para orientar as actividades de gestão e talvez o mais importante para avaliar tanto o potencial de um dado recurso como o impacto da extração de recursos (Peters, 1996). A informação sobre a estrutura da população ajuda a respeitar a regeneração saudável das espécies que estão a ser utilizadas (Kindeya Gebrehiwot, 2003).

A estrutura populacional de uma determinada espécie pode ser agrupada em três tipos. Tipo I, II e III. O tipo I mostra o caso em que a distribuição da classe de tamanho diâmetro/altura da espécie apresenta um maior número de árvores mais pequenas do que de árvores grandes e uma redução quase constante em número de uma classe de tamanho para a seguinte (Peters, 1996; Simon Shibru e Girma Balcha, 2004; Abeje Eshete *et al.*, 2005). Estes padrões de distribuição em forma de J invertido numa floresta são considerados como tendo um estado favorável de regeneração e recrutamento e, consequentemente, uma população estável e saudável (Kindeya Gebrehiwot, 2003). O tipo II é caraterístico de espécies que apresentam recrutamento descontínuo, irregular e/ou periódico. Neste tipo, a frequência exibida, por exemplo, na classe de tamanho diâmetro/altura causa descontinuidades na estrutura da população à medida que as plântulas e os rebentos estabelecidos crescem para classes de tamanho maiores. Tipo III, reflecte uma espécie cuja regeneração é severamente limitada por algumas razões (Peters, 1996).

2.5. Situação da biodiversidade na Etiópia e sua gestão

A Etiópia, com uma área de 1,12 milhões de km^2, tem cerca de 6500-7000 espécies de plantas superiores, das quais 12% são endémicas (WCMC, 1992). Por outro lado, o país é também conhecido pela grave degradação dos solos, pela fome e pela pobreza. A flora da Etiópia é muito heterogénea e tem elementos endémicos. As montanhas de Semien e Bale foram identificadas como áreas de endemismo vegetal de importância continental. A sua flora é diversificada e os representantes afro-montanhosos apresentam afinidades com elementos sul-africanos, euro-asiáticos e dos Himalaias. As florestas de folhas largas sempre verdes do sudoeste mostram afinidades com as florestas congolesas da África ocidental. Os tipos de vegetação na Etiópia são muito diversificados, indo desde a vegetação afro-alpina à vegetação desértica. Possui um grande número de espécies de plantas e um trabalho recente indicou que o número de plantas superiores era superior a 7000 espécies, das quais 12% são provavelmente endémicas (IBC, 2011).

Restando apenas 5% das florestas históricas da Etiópia, as florestas da igreja (também conhecidas como "florestas coptas") são fundamentais para a proteção da biodiversidade, embora a sua importância tenha sido muito pouco estudada. Para a própria Etiópia, o café tem um enorme significado económico, social e ambiental. A Etiópia possui uma das floras mais ricas de África. Grande parte desta riqueza florística reflecte-se no facto de a Etiópia ser um dos centros de origem e/ou diversidade de Vavilov para muitas plantas domesticadas e seus parentes selvagens, por exemplo trigo (*Triticum aestirum*), cevada (*Horedum vulgare*), teff (*Eragrostis teff*), café (*Coffea Arabica*), ervilha forrageira (*Pisum satirum*), quiabo (*Abelmoschus esculentus*), sorgo (*Sorghum bicolor*), painço-dedo (*Eleucine coracana)*, lentilhas *(Lens esculenta)*, sésamo (*Sesamum indicum*), núgea (Guizotia abyssinica) e cártamo (*Carthamus _tinctorius*) (Zemede Asfaw e Mesfin Tadesse, 2001). O endemismo é particularmente elevado na zona de vegetação afro-alpina e no complexo de floresta seca de montanha e pradarias do planalto (Ethiopian Wildlife and Natural History Society, 1996). A grande diversidade de condições ecológicas, determinadas principalmente pela topografia, criou ambientes propícios ao desenvolvimento de uma grande variedade de flora e fauna (EPA e MEDAC, 1997).

Numa nação em que 87% da população vive em zonas rurais, um elevado crescimento demográfico, associado ao atual sistema ambíguo de posse da terra, conduzirá a uma forte procura de madeira e, subsequentemente, a um maior esgotamento das florestas naturais remanescentes. De acordo com um relatório da USAID (2008). O corte de árvores é um fenómeno comum, que se verifica há séculos. Centenas de anos atrás, algumas partes do norte da Etiópia, que hoje sofrem de condições causadas pela degradação dos solos, estavam cobertas de florestas (Autoridade de Proteção do Ambiente, 1998). As provas da extensão passada do coberto florestal do país são escassas; no entanto, existem poucas dúvidas de que a parte norte do país perdeu a maior parte da sua floresta natural há muito tempo (Melaku Bekele, 2003). A taxa anual de desflorestação na Etiópia está estimada em 40 000 ha ou 0,8% da cobertura florestal (FAO, 2001). De 1990 a 2000, a taxa anual de perda de floresta natural na Etiópia foi estimada em 9% (Earth Trends, 2003). As principais razões são a utilização cada vez mais intensiva da terra para a produção agrícola e pecuária e o corte de árvores para lenha e materiais de construção (Demel Teketay, 1992).

As terras sagradas das igrejas e mosteiros das Igrejas Ortodoxas Etíopes têm, no entanto, sobrevivido durante muitos séculos como ilhas de biodiversidade florestal natural num mar de paisagem desflorestada em zonas das terras altas da Etiópia. Por muitas razões interessantes relacionadas com os valores espirituais ligados às igrejas, aos mosteiros e às suas terras sagradas, estas ilhas de biodiversidade sobreviveram à pressão geral para a recolha de madeira e lenha que degradou a paisagem circundante. A Etiópia tem um total de cerca de 35.000 igrejas e mosteiros, alguns dos quais com 1660 anos de idade. Cerca de 50 dos antigos pátios de igrejas e mosteiros (com mais de 200 anos), todos eles situados nas regiões montanhosas do centro e do norte da Etiópia, contêm vegetação florestal natural rica em biodiversidade. A sua vegetação consiste não só em árvores, mas também em arbustos e ervas, e constituem habitats importantes para uma variedade de espécies raras de vertebrados. No entanto, a biodiversidade de algumas destas florestas do pátio da igreja está a esgotar-se devido à desflorestação contínua das áreas circundantes para obtenção de lenha e madeira, à deslocação da comunidade da igreja devido à seca e à fome, à introdução de exóticas e a outras calamidades naturais e provocadas pelo homem (Zewge Teklehaimanot, 2004).

A subsistência da grande maioria das populações rurais das terras áridas da Etiópia depende das florestas e das matas como fontes de terras agrícolas, lenha e carvão, bem como de produtos florestais não lenhosos (PFNM), como alimentos, fibras e medicamentos. Dado que o equilíbrio ecológico nos ambientes áridos e semi-áridos é delicado, são necessárias práticas sustentáveis de utilização da terra para satisfazer as necessidades básicas das pessoas no futuro (Karmann e Lorbach, 1996). A vegetação nas zonas de terra firme do país está a enfrentar graves problemas de degradação. A degradação prolongada das áreas de terra firme continua a afetar a produtividade e a diversidade genética dos recursos florestais, florestais e arbustivos. Sobreposto por secas recorrentes, o resultado final da desflorestação e da degradação destes recursos vegetais das terras secas pode ser a desertificação (Tefera Mengistu *et al.*, 2005). Estas terras secas, que estão atualmente a ser ameaçadas pelo avanço da desertificação, são, no entanto, importantes como zonas de produção de culturas e gado, e como áreas com cobertura vegetal diversificada na Etiópia. Por conseguinte, a menos que sejam tomadas rapidamente medidas de adaptação significativas para diminuir a desertificação crescente, os custos socioeconómicos e ecológicos que a Etiópia está prestes a enfrentar serão insuportáveis (Tamerie Bekele, 1997; Mulugeta Limenih e Demel Teketay, 2004). Isto exige a conceção de estratégias de gestão e conservação economicamente viáveis, socialmente aceitáveis e ecologicamente viáveis para o ecossistema de terras secas (Tefera Mengistu *et al.*, 2005).

A Etiópia é um dos países tropicais dotados de recursos ricos em biodiversidade que possuem numerosos PFNL. Os PFNL ricos do país desempenham um papel importante na segurança alimentar e na redução da pobreza de um grande número de comunidades do país (Vivero, 2002). Por exemplo, mais de 80% (aproximadamente 60.000.000) da população da Etiópia depende de medicamentos à base de plantas/silvestres para os seus cuidados de saúde primários e de combustível derivado da biomassa para a sua energia (Demel Teketay e Mulugeta Limenih, 2005).

As áreas de terra seca na Etiópia, que se enquadram na definição de desertificação do PNUA, cobrem 71,5% da área total do país (Tamerie Bekele, 1997). Da área total estimada de terras secas na Etiópia, 25 milhões de hectares estão cobertos por florestas e arbustos (Tefera Mengistu *et al.*, 2005). Por conseguinte, a região de bosques e savanas cobre cerca de 20% da superfície terrestre total da Etiópia. Desta floresta e savana, a floresta e savana *de Acacia* ocupa vários ambientes e representa cerca de 11% da área total da Etiópia. Estas florestas são também conhecidas pela sua diversidade vegetal, animal e de habitat. No entanto, são também ecossistemas muito frágeis que podem ser drasticamente afectados pela exploração excessiva e pela má gestão (Mekuria Argaw *et al.,* 1999).

2.6. Impacto humano na floresta natural

O aumento constante da população mundial, associado à diminuição dos recursos naturais, criou um enorme desequilíbrio na cadeia de abastecimento das necessidades básicas. Consequentemente, o elevado crescimento demográfico e a utilização excessiva dos recursos naturais, face ao impacto ambiental, incluindo a degradação ambiental e as alterações climáticas, tornaram-se o centro das atenções. Atualmente, os 7 mil milhões de pessoas no mundo estão a chamar a atenção das organizações governamentais e não governamentais para tornar o mundo um lugar melhor para todos os seus habitantes. Por conseguinte, é muito importante uma intervenção integrada para travar e reduzir o impacto da elevada pressão populacional sobre o ambiente e a conservação dos recursos naturais existentes. Atualmente, existe um grande desafio na compreensão da natureza complexa da relação entre biodiversidade, pobreza e desenvolvimento (Koziell, 2001). Muito pouca da biodiversidade mundial permanece inalterada pela atividade humana e, até à data, uma minoria tem geralmente capturado a maior parte dos benefícios económicos derivados da manipulação da biodiversidade, sendo os custos de manutenção da biodiversidade suportados cada vez mais por aqueles que têm menos possibilidades de os suportar (Koziell, 2001).

Há uma necessidade urgente de abordar novamente os muitos impactos negativos da manipulação da biodiversidade e de deixar de se concentrar nos ganhos a curto prazo, para evitar que aqueles que dependem da subsistência ou que obtêm rendimentos do comércio da biodiversidade percam os seus meios de subsistência. Não é realista esperar que os países pobres suportem os custos da manutenção da biodiversidade para o bem global. É necessária uma maior consciencialização e participação dos governos mundiais, das organizações de desenvolvimento e conservação nos sectores público e privado para evitar que os sistemas de apoio aos meios de subsistência sustentados pela biodiversidade sejam prejudicados (Aramde Fetene, 2006).

As florestas já existiam muito antes da humanidade. Mesmo durante o período da existência humana, as florestas viveram durante muito tempo sem causar danos incomportáveis umas às outras. De facto, a associação entre o homem e a floresta é muito mais longa do que geralmente se pensa (Mobberley, 1988). Com a transição para a nossa sociedade tecnológica avançada, a diversificação das necessidades humanas e o crescimento demográfico estragaram a associação, tornando possível ter muito menos floresta. Desde que o crescimento da população e os avanços tecnológicos tomaram conta dos estilos de vida tradicionais, os aspectos destrutivos da utilização da floresta aumentaram. Por exemplo, a desflorestação tropical aumentou rapidamente após 1950, ajudada pela disponibilidade de maquinaria pesada (Oyenbande, 1988). Desde então, o aumento das populações humanas também tem vindo a desmatar as florestas à mão. A taxa anual de desflorestação é de 0,2% do total da cobertura florestal mundial (FAO, 2005). Dada a concentração de países em desenvolvimento nestas regiões, a desflorestação tropical extensiva é a grande força potencial para a alteração do uso/cobertura do solo (Reynolds e Thompson, 1988). Em África, uma enorme quantidade de florestas tropicais foi removida e todos os anos grandes áreas estão a ser convertidas em savanas "derivadas" e florestas secundárias (Oyenbande, 1988).

As comunidades biológicas naturais desempenham um papel ecológico importante na produção e manutenção de ambientes habitáveis. Nenhum organismo pode existir isoladamente, mas todos dependem de múltiplas interações entre si e com o ambiente. Nestas interações, as plantas desempenham o papel mais importante: a formação do solo, a reciclagem de nutrientes, a absorção da energia solar e a gestão dos ciclos biológicos e hidrológicos dependem, em grande medida, das plantas, dos animais e dos micróbios (Cunningham e Saigo, 1995). Este processo ocorre principalmente em zonas não perturbadas (em zonas onde a interferência do homem é muito reduzida). Nas zonas selvagens existe auto-sustentação e mantêm-se os processos ecológicos. Por isso, do ponto de vista ecológico, as plantas representam uma biblioteca de informação (Cunningham e Saigo, 1995).

As invasões biológicas por espécies vegetais exóticas estão a tornar-se uma ameaça importante para os ecossistemas naturais em zonas onde o esgotamento dos recursos naturais (solos, água e florestas) está a tornar-se grave. As pessoas são forçadas a introduzir novas espécies de plantas exóticas; essas espécies têm geralmente uma elevada adaptabilidade ecológica e o desempenho em termos de crescimento necessário para proporcionar os elevados rendimentos económicos que sustentam a economia das comunidades agrícolas de subsistência e contribuem de várias formas para a economia nacional (Ameha Tadesse, 2006). A perceção do público em geral de que as florestas são, em todas as circunstâncias, boas para o ambiente aquático, que aumentam a precipitação, aumentam o escoamento, regulam os caudais, reduzem a erosão, reduzem as inundações, "esterilizam" as reservas de água e melhoram a qualidade da água (Calder, 2003).

2.7. As florestas como meio de subsistência

A construção de pontes entre a biodiversidade, a redução da pobreza e o desenvolvimento é uma tarefa crucial. Envolve o reforço dos direitos dos pobres sobre os recursos e o desenvolvimento de medidas de incentivo financeiro através das quais os pobres que vivem em regiões ricas em biodiversidade recebem o pagamento daqueles que beneficiam desses serviços. Inclui também o reforço das parcerias e da colaboração entre os sectores da biodiversidade e do desenvolvimento (IUCN, 2010). Numa estratégia de subsistência, as árvores também desempenham um papel; por exemplo, satisfazem as necessidades domésticas dos agricultores em termos de alimentos, materiais de construção, combustível e poupanças em dinheiro. As estratégias gerais de subsistência e a base de recursos dos agricultores determinam as suas estratégias de cultivo de árvores. Eles podem estar interessados em cultivar madeira para poupanças se não tiverem uma estratégia superior, enquanto que podem rejeitar o cultivo de árvores para rendimento em dinheiro se já tiverem outra estratégia bem sucedida para ganhar dinheiro com culturas ou através de trabalho fora da exploração (Dixon, 1996). As florestas são essenciais para a sobrevivência e o bem-estar humanos. Abrigam dois terços de todas as espécies animais e vegetais terrestres. Fornecem-nos alimentos, oxigénio, abrigo, recreio e sustento espiritual, e são a fonte de mais de 5 000 produtos comercializados, desde produtos farmacêuticos a madeira e vestuário (IUCN, 2010).

As florestas fornecem vários materiais comestíveis que contribuem para a segurança alimentar das pessoas que vivem dentro e à volta da floresta (Arnold e Ruiz Pérez, 1998; Marla e Rebecca, 2001). Estes produtos comestíveis, que são maioritariamente recolhidos da floresta, incluem folhas, flores, frutos, sementes ou tubérculos (Guinko e Pasgo, 1992). Estudos de caso de vários países mostraram que os alimentos silvestres são considerados como o melhor alimento de emergência durante a seca. Por exemplo, no Zimbabué, até 25% das refeições dos agregados familiares pobres, durante a estação seca, contém uma componente de frutos silvestres. Na África do Sul, as plantas comestíveis são suplementos alimentares importantes, especialmente durante períodos de seca (Crafter *et al.*, 1997). A diversidade de espécies de plantas silvestres é potencialmente um recurso medicinal importante, e é seguro para uma maior segurança alimentar. Também deve ser notado que as espécies que podem não ter valor económico direto conhecido hoje podem vir a ser economicamente importantes no futuro (IBC, 2005).

A biodiversidade presta serviços gratuitos no valor de centenas de milhares de milhões de Birr etíopes todos os anos, que são cruciais para o bem-estar da sociedade etíope. Estes serviços incluem água limpa, ar puro, formação e proteção dos solos, polinização, controlo de pragas nas culturas e fornecimento de alimentos, combustível, fibras e medicamentos. Tal como noutros locais, estes serviços não são amplamente reconhecidos, nem são devidamente valorizados em termos económicos ou mesmo sociais. A redução da biodiversidade afecta estes serviços ecossistémicos. A sustentabilidade dos ecossistemas depende, em grande medida, da capacidade de amortecimento proporcionada pela existência de uma diversidade rica e saudável de genes, espécies e habitats. Perder a biodiversidade é como perder os sistemas de suporte de vida de que nós e outras espécies dependemos tão desesperadamente. A conservação da biodiversidade é fundamental para alcançar o desenvolvimento sustentável. Proporciona flexibilidade e opções para a nossa utilização atual (e futura) dos recursos naturais (IBC, 2005).

Quase 85% da população da Etiópia vive em zonas rurais, e uma grande parte desta população depende direta ou indiretamente dos recursos naturais. A conservação da biodiversidade é crucial para a sustentabilidade de sectores tão diversos como a energia, a agricultura, a silvicultura, a pesca, a vida selvagem, a indústria, a saúde, o turismo, o comércio, a irrigação e a energia. O desenvolvimento da Etiópia no futuro continuará a depender da base fornecida pelos recursos vivos e da conservação da biodiversidade (IBC, 2005). A grande variabilidade climática e edáfica dotou a Etiópia de plantas com flores diversas e únicas. As plantas com flor conhecidas na Etiópia são compostas por seis a sete mil espécies, distribuídas por diversas zonas agro-ecológicas (Edwards, 1976). Este facto torna o país altamente adequado para as abelhas e a apicultura (Fichtl & Admasu Addi, 1994).

Mais de 1,6 mil milhões de pessoas dependem, em graus variáveis, das florestas para a sua subsistência, por exemplo, madeira para combustível, plantas medicinais e alimentos florestais. Aproximadamente 300 milhões dependem diretamente das florestas para a sua sobrevivência, incluindo cerca de 60 milhões de pessoas de grupos indígenas e tribais, que dependem quase totalmente das florestas. As florestas desempenham um papel fundamental na economia de muitos países (MEA 2005, Banco Mundial 2003). As zonas urbanas dependem frequentemente das zonas florestais para o seu abastecimento de água e beneficiam dos múltiplos serviços ambientais das florestas e árvores urbanas (FAO, 2007). A necessidade de recuperar áreas degradadas para melhorar a sua capacidade produtiva, funções ambientais e valor da biodiversidade tem sido amplamente reconhecida (Parrotta, 2000).

CAPÍTULO 3

MATERIAIS E MÉTODOS

3.1. Descrição da área de estudo

3.1.1. Localização

A floresta natural de Woynwuha está localizada em Debreyakob kebele, distrito de Goncha Siso Enesie, Zona de Gojjam Oriental, Estado Regional Nacional de Amhara (Fig. 3.1). O kebele de Debreyakob situa-se muito próximo da cidade de Mertule Mariam (3 km), a nordeste da cidade de Gundwoyn. O distrito de Goncha Siso Enesie está situado a cerca de 338 km a noroeste de Adis Abeba, a capital da Etiópia, e a 155 km a sudeste de Bahir Dar, a capital regional. O local de estudo situa-se entre 10^0 52' latitude norte e 38^0 14' longitudes leste. O ambiente natural do estudo

A floresta tem uma superfície de 162,057 ha.

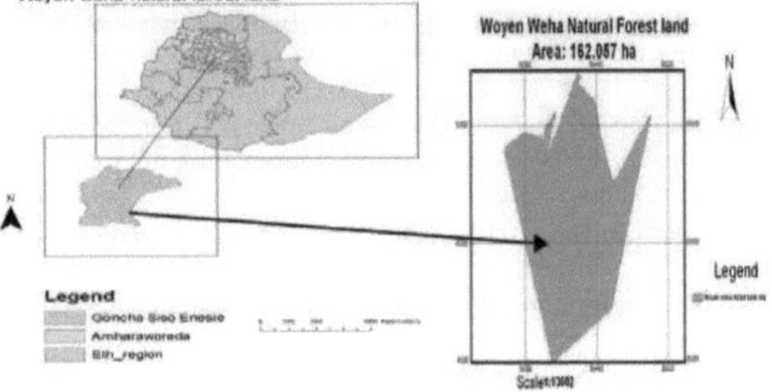

Figura 3.1. Mapa da área de estudo e da floresta.

3.1.2. Topografia, utilização das terras e solos

De acordo com o boletim estatístico do Gabinete de Finanças e Desenvolvimento Económico do Distrito de Goncha Siso Enesie para o ano orçamental de 2009/10 (outubro de 2010), a topografia da área de estudo é geralmente caracterizada por colinas onduladas e consiste em montanhas (39%), planícies (45%), terreno (15,871%) e massas de água (0,129%). A área total do distrito é de 98383 ha. Mais de sete tipos de uso de terra são identificados no distrito: terra cultivada (47.4%), floresta (4.78%), lagos (0.07%), terra arbustiva (9.58%), terra de pastagem (11.93%), povoação (16.3%) e outros (9.94). Quatro tipos de solos foram identificados no distrito, nomeadamente solo vermelho (15%), solo preto (5%), castanho (60%) e castanho claro (20%). Os solos são maioritariamente ácidos com valores de pH que variam entre 4,2-7,3 (DMSL, 2007). A elevação da floresta em estudo varia entre 2009-2733m.a.s.l. e é abrangida por dois Kebeles (Debreyakob e Gufu) e quatro Gotts, nomeadamente Tach Dinjet a norte, Gufu Giorgis a leste, Debreyakob kola a oeste e Jibra Kola a sul. A floresta natural de Woynwuha está sob a alçada das comunidades.

3.1.3. Clima

Tradicionalmente, os distritos têm três tipos principais de zonas agro-climáticas: '*Dega*' (12%), '*Weina-Dega*' (48%) e '*Kolla*' (40%). A precipitação média anual situa-se entre 1100-1800 mm e o padrão de distribuição da precipitação é monomodal, ocorrendo nos meses de junho a setembro. A temperatura média mensal é de $19,5^0$ C e a temperatura média anual máxima e mínima da área de estudo é de 24° c e 15° c, respetivamente (WAO, 2011/12). Com base nos dados das estações meteorológicas de Motta (58 quilómetros da floresta em estudo) e Bahir Dar (180 quilómetros da floresta em estudo), a precipitação média de cinco anos (1987-1991) e o padrão de temperatura de Goncha siso Enesie *Woreda* são apresentados na (Fig. 3.2.)

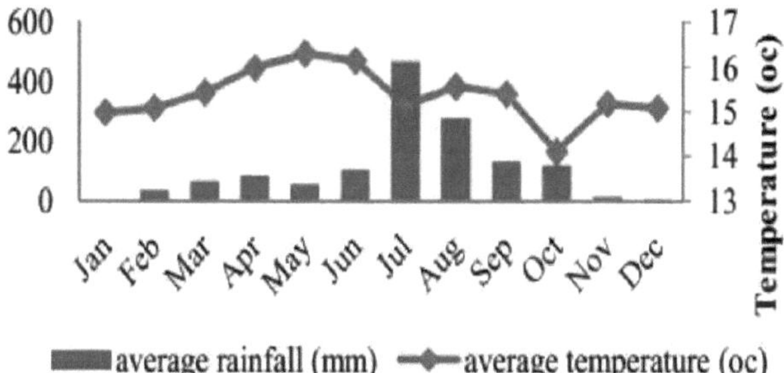

Figura 3.2. Dados médios de precipitação e temperatura para cinco anos (1987-1991) de Goncha siso Enesie *Woreda* (Fonte: Dados meteorológicos nacionais, estações de Motta e Bahir Dar, 2012).

3.1.4. Vegetação e vida selvagem

A zona em torno de Debreyakob kebele esteve coberta por vegetação contínua até há pouco tempo. No entanto, a vegetação da zona está a ser destruída pelas actividades humanas

O declínio da vegetação é muito rápido, restando apenas pequenas manchas remanescentes de florestas, matas e arbustos. O esgotamento da vegetação é muito rápido, e a área é deixada com pequenas manchas remanescentes de florestas, matas e arbustos. No distrito de estudo, existem 1898 ha de florestas naturais e 2810ha de florestas plantadas. Estas florestas são o habitat de numerosos animais selvagens, incluindo: *Lepas habessinicus, Tragelaphus scriptus, Canis aureus, Papio hamardias, Silvicapra grimmia, Oreotragus grimmia, Felis sivcestris, Cercopithecus pygeythrus, Panthera pardus, Corcuta corcuta* e uma variedade de espécies de *Aves* (FTC, 2012/13). As espécies vegetais mais conhecidas são: *Albizia gummifera, Olea europaea, Carissa edulis, Acacia abyssinica, Juniperus procera* e *Croton macrostachys. Arbustos, arbustos e ervas* são também comuns na zona.

3.1.5. Caraterísticas demográficas e socioeconómicas

O distrito é constituído por 37 ACs rurais e 1 AC urbana. De acordo com o censo da CSA (2009), a população humana do distrito era de 156012, sendo 77495 (49,7%) homens e 78516 (50,3%) mulheres, com um tamanho médio de agregado familiar de cerca de 5 pessoas. O número de agregados familiares rurais era de 32687, entre os quais 82,1% eram homens e 17,9% eram mulheres. O tamanho médio da terra na área é de 1,43 ha por família, com um tamanho médio de família de cerca de 5 pessoas. Do tamanho total da terra, em média 0,26 ha e 1 ha são atribuídos a pastagens privadas e à produção agrícola, respetivamente (CSA, 2009). Todos os habitantes pertencem ao grupo étnico Amhara e falam amárico. Todos os habitantes são cristãos ortodoxos.

As pessoas em redor da área de estudo praticam uma agricultura de subsistência mista, em que a produção agrícola e a criação de animais são efectuadas lado a lado. As principais culturas cultivadas no distrito são *Eragrostis tef, Sorghum bicolor, Triticum aestivum, Eleucine coracana dgs, Oryza sativa, Sesamum indicum, Carthanus tinktorius, Brassica carinata, Hordeum sp (Phaseolus vulgaris, fava, Pisum sativum, Cicer arietinum, soja e Vicia faba), Guizotia abyssinica, Linum usitatissimum* e legumes. O gado dominante na área de estudo inclui: bovinos, ovinos e caprinos, cavalos, burros e também alguma atividade apícola.

3.2. Recolha de dados

3.2.1. Recolha de dados sobre a vegetação

Antes do início da recolha de dados sobre a vegetação propriamente dita, foi efectuado um levantamento de reconhecimento da floresta natural em estudo durante três dias consecutivos, a fim de obter informações gerais sobre a fisionomia da vegetação, a uniformidade e a paisagem. Após o levantamento de reconhecimento, foram recolhidos dados reais sobre a vegetação de dezembro de 2012 a maio de 2013. Neste estudo, foi utilizado um método de amostragem sistemático para recolher dados sobre a vegetação e outros dados físicos. Os dados sobre a vegetação na floresta natural em estudo foram recolhidos através da colocação de 11 linhas de transecto, cada uma com 150 m de distância, seguindo a homogeneidade da vegetação e o gradiente de elevação da floresta (Braun Blanquet, 1932; Muller Dombosis e Ellen berg, 1974; Zerihun Woldu, 1980 e 1985; Tamirat Bekele, 1994 e Scholder, 1999). A primeira linha de transecto foi traçada aleatoriamente num dos lados da floresta ao longo do declive, com a ajuda de um compasso Silva explorer (tipo 3NL). Um total de 50 parcelas de amostragem rectangulares (quadrats), cada uma com uma área de 625m^2 (25m X 25m), foram colocadas nas linhas de transecto. O espaçamento entre as parcelas de amostragem foi de 100 m com fita métrica. A altitude e a posição de cada parcela foram medidas com o GPS Garmin etrex10. Dentro de cada parcela de amostragem principal, foram colocadas três subparcelas, cada uma com uma área de $20m^2$ (2m X 10m), duas na extremidade dos quadrantes principais e uma no centro, para efeitos de inventário de plantas e plântulas, de acordo com Haile Adamu (2009). Em todas as parcelas de amostragem principais, todas as espécies de plantas lenhosas foram identificadas, contadas e registadas.

Os dados sobre a diversidade foram recolhidos através da soma do número de espécies identificadas diretamente no campo. Para efeitos de identificação das espécies, foram enumerados os nomes locais de todas as espécies lenhosas e, em seguida, os nomes científicos foram identificados de acordo com guias de identificação de plantas coloridos, tais como flora of useful trees and shrubs in Ethiopia Azene Bekele (2007) e referindo-se aos volumes publicados da Flora of Ethiopia and Eritrea (1994). Caso a identificação não fosse possível, os espécimes de espécies arbóreas eram levados para o Herbário Nacional no Departamento de Biologia da Universidade de Adis Abeba e a identificação era efectuada posteriormente. Em cada parcela, foram contadas todas as espécies lenhosas, arbustos e lianas/trepadeiras lenhosas. Para além da lista de espécies, foram registadas as suas abundâncias em cada parcela. A nomenclatura segue Cufodontis (1953, 1972), Edwards *et al* (1995), Friis (1992) e Hedberg e Edwards (1989, 1995 e 2003).

A altura das árvores e o diâmetro à altura do peito (DAP) foram medidos com clinómetro e paquímetro/taça de medição, respetivamente. Foi medido o DAP de todas as árvores acima de 1,3 m do solo. Nos casos em que o fuste de uma árvore se ramificava à altura do peito ou abaixo, o diâmetro foi medido separadamente para os ramos e a média foi calculada como um DAP e, nos casos em que os fustes das árvores se apoiavam, a medição do DAP foi efectuada a partir do ponto imediatamente acima dos apoios. Para além dos dados de DAP, foram recolhidos dados sobre o número de rebentos e de plântulas de todas as plantas em cada subparcela.

A altura (m) e o diâmetro do colo (diâmetro ao nível do solo) das plântulas e das mudas dentro de cada quadrante principal (parcela) foram medidos usando uma vara marcada com um metro e um paquímetro verner, respetivamente. Dentro de cada quadrante principal, os dados sobre o número de mudas e o número de plântulas para todas as espécies de plantas e o estado de regeneração das espécies lenhosas foram avaliados através da contagem de plântulas (espécies lenhosas de altura <50cm e DAP <2,5cm) e mudas (espécies lenhosas de altura >50cm e DAP < 2,5 cm).

3.2.2. Recolha de dados socioeconómicos

Foram recolhidos dados socioeconómicos para avaliar a perceção da comunidade local em relação à floresta e às suas práticas de gestão. Os dados socioeconómicos foram recolhidos através de um questionário semi-estruturado e de uma entrevista com informadores-chave. As entrevistas semi-estruturadas, tal como descritas por Martin (1995) e Cunningham (2001), foram utilizadas para obter dados qualitativos e quantitativos da comunidade.

Um total de 50 agregados familiares de amostra que vivem à volta da floresta em dois kebele e quatro Gotte (19 de Debreyakob Kola, 13 de Jibra Kola, 13 de Gufu Giorgis, 5 de Tach Dinjet) foram sistematicamente selecionados em função da dimensão da população, da acessibilidade e da familiaridade com a floresta em estudo e os informadores-chave foram identificados propositadamente entre as pessoas que são importantes para dar informações sobre a panorâmica geral dos aspectos socioeconómicos da área de estudo.

Assim, a informação socioeconómica recolhida inclui: preferência e tipos de espécies de árvores/arbustos, perceção dos agricultores em relação às mudanças nas espécies lenhosas, tamanho da família, idade, religião e habilitações literárias. Para uma melhor comunicação com os inquiridos, os questionários foram traduzidos para a língua local (amárico) e apresentados aos mesmos para avaliar claramente a sua compreensão e conhecimentos. Também foram utilizados vídeos e fotografias com câmara digital do local de estudo.

Figura 3.3. Discussão com a população local e o participante durante a recolha de dados no terreno

3.3. Análise de dados

3.3.1. Análise da composição e da estrutura da vegetação

Composição das espécies:-A riqueza de espécies é uma medida biologicamente adequada da diversidade alfa e é geralmente expressa em número de espécies por unidade de amostra (Whittaker, 1972). O número de espécies (riqueza de espécies) foi determinado através da soma do número de espécies identificadas diretamente no campo em cada parcela e, em seguida, foram calculados a abundância relativa, a frequência e o índice de Shannon-wiener.

Dois conjuntos de abundância (número de indivíduos de uma espécie na área) foram calculados neste estudo. Estes foram: (1) Abundância média por quadrante, calculada como a soma do número de caules das espécies de todos os quadrantes dividida pelo número total de quadrantes, e (2) Abundância relativa, calculada como a percentagem da abundância de cada espécie dividida pelo número total de caules de todas as espécies por hectare, de acordo com Kindeya Gebrehiwot (2003).

Análise da diversidade vegetal e da equitabilidade

A diversidade de espécies é a combinação da riqueza de espécies (o número de espécies nas parcelas de amostragem) e da regularidade das espécies (distribuição da abundância entre as espécies). Com base nestes resultados, o índice de diversidade de Shannon wiener (H'), a equitabilidade e a riqueza foram resumidos em relação às espécies identificadas através da análise de dois componentes da diversidade de espécies.

O índice de diversidade de Shannon é calculado da seguinte forma (krebs, 1989, Kent e Coker, 1992)

$$H' = \sum_{i=1}^{S} p_i \ln p_i$$

Onde; H' = Índice de Diversidade de Shannon-Weiner

Pi = a proporção/probabilidade de indivíduos encontrados na espécie i^{th} s = número total de espécies (1, 2, 3s................................).

Ln = logaritmo natural

A riqueza de espécies foi calculada a partir de todas as espécies encontradas em cada parcela

S = número de espécies/área da parcela

O índice de equidade de Shannon (E) foi calculado a partir do rácio entre a diversidade observada e a diversidade máxima, utilizando a equação.

$$EH = \frac{\sum_{i=1}^{S} p_i \ln p_i}{\ln s}$$

Onde, EH= Índice de equitabilidade (uniformidade) que tem valores entre 0 (uma situação em que a abundância de todas as espécies é completamente desproporcional) e 1 (todas as espécies são igualmente abundantes).

Análise de dados estruturais

Para analisar a estrutura vegetativa das espécies lenhosas, todos os indivíduos de cada espécie encontrados no quadrado foram agrupados em classes de diâmetro e altura (Kershaw, 1973, Shimwell, 1984). De seguida, foram elaboradas tabelas e histogramas de frequência utilizando as classes de diâmetro e altura versus o número de indivíduos categorizados em cada uma das classes, utilizando o programa informático Microsoft Excel. Para verificar o estado de regeneração das plantas lenhosas ou para avaliar o nível de perturbação na floresta, foram registados todos os tipos de perturbações. Além disso, foi elaborada uma lista de verificação das espécies vegetais registadas em cada parcela, incluindo os seus usos locais e a utilização das suas partes.

Índice do valor de importância

O índice de valor de importância (IVI) indica a importância de cada espécie de árvore/arbusto nos sistemas de uso da terra. É um índice composto baseado nas medidas relativas da frequência, abundância e dominância das espécies (Kent e Coker, 1992; Jose e Shanmugaratnam, 1994). Este índice é utilizado para determinar a importância global de cada espécie na estrutura da comunidade (densidade relativa, dominância relativa e frequência relativa), que descreve o papel estrutural de uma espécie num povoamento. O Índice de Valor de Importância foi calculado com a seguinte fórmula.

$$\textit{Frequência de uma espécie} = \frac{\text{The number of plots in which that species occur}}{\text{Total number of plots}}$$

$$\textit{Frequência relativa} = \frac{\text{Frequency of speciese A}}{\text{Total frequency of all species}} * 100$$

$$\textit{Densidade das espécies} = \frac{\text{The number of indivduals of that species}}{\text{Area sampled}}$$

$$\textit{Densidade relativa} = \frac{\text{Density of species A}}{\text{Total density of all species}} * 100$$

$$\text{Área basal } (\mathrm{m}^2) = \frac{\pi * (DBH)^2}{4}$$

$$\textit{Dominância relativa} = \frac{\textit{Basal area of speciies A}}{\text{Total Basal area of all species}} * 100$$

$$\textit{Índice do valor de importância} = \textit{Densidade Relativa} + \textit{Frequência Relativa} + \textit{Dominância Relativa}$$

Para comparar a diversidade entre parcelas e com outra floresta, foi utilizado o índice de similaridade de Sorenson (Lamprecht 1989; Kent e Coker, 1992).

$$S_s = \frac{2C}{(2C+A+B)}$$

Onde, Ss = índice de similaridade de Sorensen

A = número de espécies florestais na floresta natural A

B = número de espécies na floresta natural B

C = número de espécies comuns a ambas as florestas

3.3.2. Análise de dados socioeconómicos

A informação socioeconómica obtida através de observação no terreno, entrevista semi-estruturada e entrevista a informadores-chave foi resumida e descrita utilizando estatísticas descritivas como a média. Os valores de utilização das espécies foram calculados e classificados de acordo com as frequências e a percentagem dos inquiridos. Os dados qualitativos e qualitativos foram analisados com recurso a frequências, tabelas e histogramas através do software Statistical Package for Social Sciences (SPSS) versão 16 e do Microsoft Excel.

CAPÍTULO 4

RESULTADOS E DEBATES

4.1. Composição florística

A composição florística da vegetação foi descrita em termos de riqueza de espécies, abundância, dominância e frequência (Lamprecht, 1989). Na floresta estudada, foi registado um total de 67 espécies lenhosas nativas e 2 espécies arbóreas exóticas pertencentes a 41 famílias e 59 géneros (Apêndice 1 e Apêndice 6) na faixa altitudinal entre 2009 e 2626 m.a.s.l. (Apêndice 10). As árvores representaram a maior proporção das formas de vida. Destas espécies, 34 (49%) eram árvores, 25 (36%) eram árvores/arbustos, 7 (10%) eram arbustos e 3 (4%) eram trepadeiras (Fig. 4.1). Cerca de 67 (97%) das espécies lenhosas eram endémicas da Etiópia.

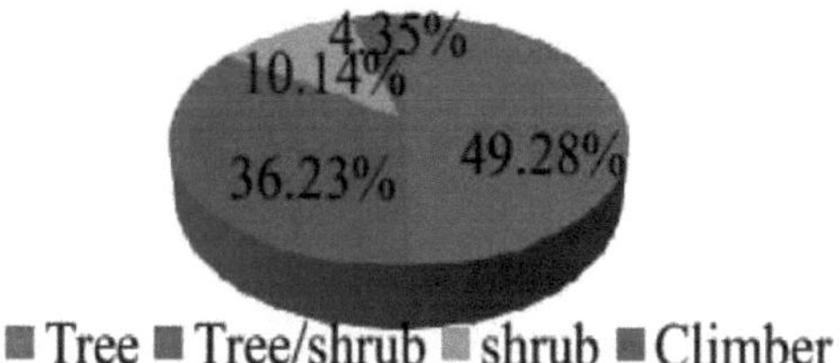

Figura 4.1. Percentagem de formas de vida na vegetação da floresta estudada.

Fabaceae foi a família mais rica em espécies, compreendendo 9 (13,04%) espécies do total de espécies vegetais identificadas, seguida por Euphorbiaceae e Moracea, cada uma representada por quatro espécies. Euphorbiaceae e Moracea juntas representaram 11,59% do total de espécies. As famílias dominantes seguintes foram Anacardiaceae, Asteraceae, Oleaceae, Sapindaceae e Sapotaceae com 15 espécies em conjunto (21,72%), cada uma representada por três espécies. As quartas famílias dominantes foram Apocynaceae, Myrtaceae, Rosacea e Rubiaceae, cada uma representada por 2 espécies e, em conjunto, representaram 11,59% do total de espécies identificadas. As restantes espécies pertencem a 29 famílias (42,03%) e cada uma é representada por uma única espécie (Anexo 6). Um estudo semelhante efectuado por (Haileab Zegeye, 2005; Kitessa Hundera e Tsegaye Gadissa, 2008; Ermias Aynekulu, 2011; Hingabu Hordofa, 2011; Solomon Melaku, 2012) na floresta de Tara gedam, na floresta de Belete, na floresta de Hugumburda, nas florestas de Debrelibanos, na floresta do Estado de Ambo, respetivamente, indica a predominância da família Fabaceae, o que pode dever-se ao potencial de adaptação das famílias Fabaceae a agro-ecologias mais vastas.

O índice médio global de diversidade de Shannon-Wiener (H') e os valores médios de equidade para toda a floresta foram de 3,24 e 0,765, respetivamente (Anexo 2). Os resultados indicam que o valor de diversidade da floresta atual é superior ao da floresta de Harenna (H=2,60) e da floresta de Maji (H=1,54) (Feyera Senbeta, 2006), da floresta de Tara Gedam (H=2,98) e da floresta de Abebaye (H=1,31) (Haileab Zegeye, 2005).

De acordo com Kent e Coker (1992), o índice de diversidade de Shannon-Weiner varia normalmente entre 1,5 e 3,5 e raramente excede 4,5. O índice de diversidade de Shannon é alto quando é superior a 3,0, médio quando se situa entre 2,0 e 3,0, baixo quando se situa entre 1,0 e 2,0 e muito baixo quando é inferior a 1,0 (Cavalcanti e Larrazabal, 2004). A partir deste estudo pode-se concluir que a floresta estudada apresenta alta diversidade e representação mais ou menos uniforme de indivíduos de todas as espécies encontradas nos quadrantes estudados, exceto algumas espécies que são dominantes.

As curvas de área das espécies foram desenhadas para avaliar a adequação das áreas amostradas para representar a diversidade de espécies e as qualidades de vegetação relacionadas. O nivelamento da curva da área das espécies é utilizado para determinar se foram recolhidas amostras adequadas. A curva de área das espécies é uma curva cumulativa que relaciona a ocorrência de espécies com a área amostrada. Quando as curvas crescem e se achatam no final, isso indica que o número de parcelas recolhidas é suficiente (Lamprecht, 1989, Gotelli e Colwell, 2001).

A curva de diversidade de espécies aumenta de forma relativamente rápida no início, e depois muito mais lentamente em amostras posteriores, à medida que são acrescentados taxa cada vez mais raros (Gotelli e Colwell, 2001; Rosenzweig, 1995). De acordo com as afirmações acima, dez parcelas de amostra foram retiradas aleatoriamente, as curvas de diversidade de espécies da vegetação da Floresta Natural de Woynwuha mostraram que a riqueza de espécies nos quadrantes era boa e que o padrão da curva de diversidade se devia ao número suficiente de quadrantes observados (Fig. 4.2).

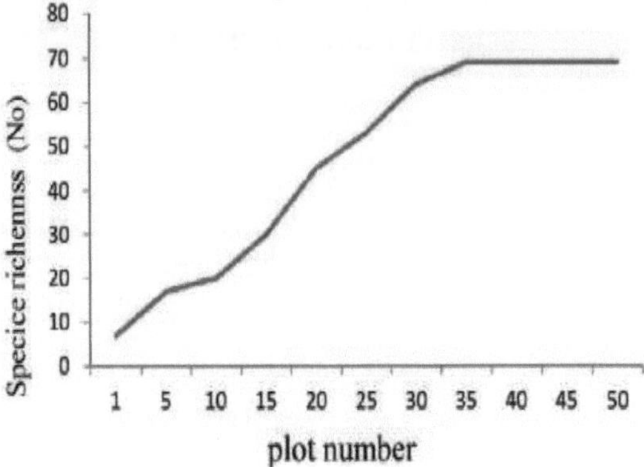

Figura 4.2. Curva de riqueza de espécies de toda a vegetação.

O número de espécies (69) registadas na área de estudo foi também superior ao número de espécies registadas noutras florestas Afromontanas da Etiópia, como a floresta estatal de Ambo (58) (Solomon Melaku, 2012), a floresta do Parque Regional de Dilfaqar (51) (Dereje Mekonnen, 2006), a floresta de Bonga (51) (Abayneh Derero *et al.*, 2003) e Jibat (54) (Tamrat, 1994). No entanto, o número total de espécies na área de estudo foi inferior ao registado na floresta de Hugumburda (79) (Ermias Aynekulu, 2011), na floresta de Belete (79) (Kitessa Hundera e Tsegaye Gadissa, 2008), na floresta de Abebayen e Tara gedam (143) (Haileab Zegeye, 2005), nas espécies de Afer-Shala Luqa (216) (Teshome Soromessa *et al*, 2004), Chilimo (90) (Tadesse Woldemariam *et al.*, 2000) e floresta Wof-Washa (252) (Demel Teketay e Tamrat Bekele, 1995). Em geral, factores como as influências sociais e ambientais podem ter tido impacto na composição da floresta e na riqueza de espécies (Espinosa e Cabrera, 2011), embora dependam da intensidade e persistência das influências (Kuffer e Senn-irlet, 2004). As possíveis razões para estas diferenças de diversidade podem ser também a dimensão da floresta. Isto significa que, à medida que a área florestal aumenta, a probabilidade de encontrar novas espécies aumenta, contribuindo para um valor de diversidade mais elevado.

4.2. Abundância e estrutura populacional de espécies de plantas lenhosas

As medidas de abundância de espécies são formas de exprimir não só a riqueza relativa mas também a regularidade, avaliando assim a diversidade (Barnes *et al.*, 1998). Foi encontrado um total de 8698 indivíduos de plantas lenhosas (2783 indivíduos por ha) em 50 quadrantes estudados (Apêndices 3 e 4). As dez espécies lenhosas mais abundantes, por ordem de maior densidade, foram *Carissa edulis, Maytenus arbutifolia, Calpurnia aurea, Croton macrostachyus, Acacia abyssinica, Mimusops kummel, Allophylus abyssinicus, Otostegia integrifolia, Bersema abyssinica* e *Rosa abyssinica* (Anexo 3).

De um modo geral, apenas algumas espécies dominavam a vegetação da área de estudo em termos de abundância, enquanto muitas das espécies eram muito raras ou pouco abundantes. Este resultado reflecte situações ambientais adversas ou a distribuição aleatória dos recursos disponíveis na área de estudo (Feyera Senbeta, 2005, Tatek Dejene, 2008). Pode ainda inferir-se sobre o resultado deste estudo a partir do ponto de vista dos autores acima referidos, na medida em que as plantas lenhosas foram distribuídas de forma desigual, o que pode dever-se à incapacidade dos indivíduos para lidar com condições ambientais adversas, perturbações humanas, pisoteio e pastoreio do gado e outras deficiências bióticas e abióticas na área.

Neste estudo, a distribuição das classes de diâmetro e altura da estrutura populacional da área de estudo reflectiu uma forma de J invertido interrompido (forma de L), que parecia mostrar um padrão em que a distribuição da frequência das espécies tinha a frequência mais elevada nas classes de diâmetro e altura mais baixas e uma diminuição gradual para as classes mais altas. Oitenta e um por cento da densidade total situa-se entre a primeira, segunda, terceira e quarta classes de diâmetro, ao passo que cerca de 15,5% e 4% da densidade se encontram nas classes de diâmetro intermédias (16-36 cm) e nas classes de diâmetro superiores (36-44cm), respetivamente (Fig. 4.3). Isto indica que os habitantes locais estavam a extrair as árvores das classes de diâmetro médio e alto para vários fins, como vedação, construção e lenha. De igual modo, a distribuição da densidade de indivíduos lenhosos em diferentes classes de altura também mostrou um padrão semelhante ao das classes de diâmetro, embora tenha havido uma diminuição muito elevada da densidade nas classes três, quatro, cinco e seis. De um modo geral, registou-se uma diminuição da densidade com o aumento das classes de altura (Fig. 4.4).

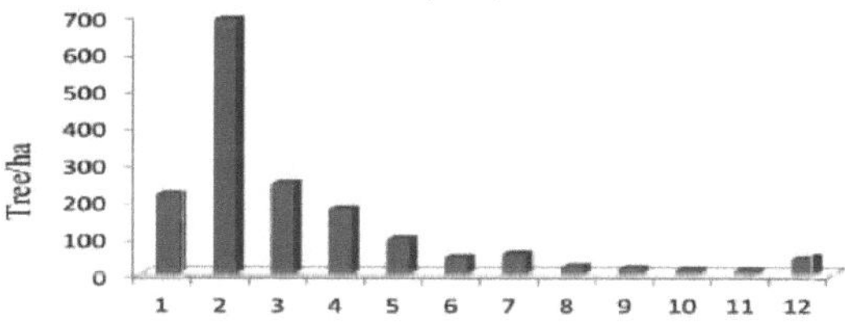

Diameter class (cm)

Figura 4.3. Distribuição da frequência das classes de diâmetro das espécies arbóreas selecionadas. Classe de DAP: (1=<4 cm; 2=4-8 cm; 3=8-12 cm; 4=12-16 cm; 5=16-20 cm; 6=20-24 cm; 7=24-28 cm; 8=28-32 cm; 9=32-36 cm, 10=36-40 cm, 11=40-44 cm, 12=>44 cm)

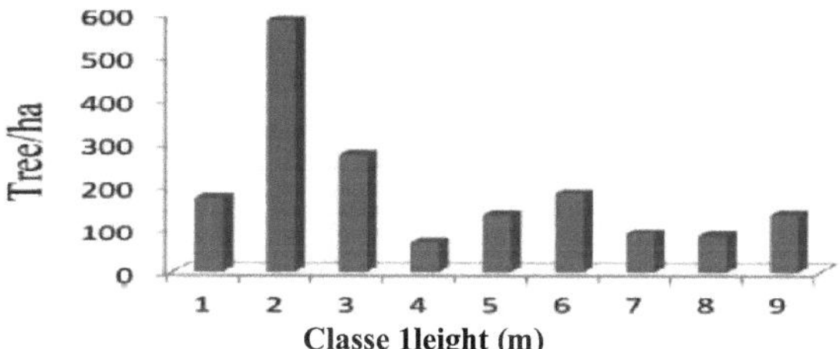

Figura 4.4. Distribuição da frequência das classes de altura das espécies lenhosas. Classe de altura (1=<2 m; 2=2-4 m; 3=4-6 m; 4=6-8 m; 5=8-10 m; 6=10-12 m; 7=12-14 m; 8=14-16 m, 9=>16 m)

A informação sobre a estrutura da população de uma espécie arbórea indica a história das perturbações passadas dessa espécie e do ambiente e, por conseguinte, é utilizada para prever a tendência futura da população dessa espécie específica (Demel Teketay, 1997; Tamrat Bekele, 1994). A estrutura populacional das espécies selecionadas da vegetação da área de estudo enquadrou-se num dos quatro padrões gerais de distribuição de classes de diâmetro. Estes são: 1) Forma de J invertido interrompido, que parecia mostrar um padrão em que a distribuição da frequência das espécies tinha a frequência mais elevada nas classes de diâmetro inferiores e uma diminuição gradual em direção às classes superiores; mas mostrando uma ausência completa ou uma diminuição muito elevada da densidade algures nas classes inferiores ou nas classes intermédias. 2) Forma de J, que mostra um tipo de distribuição de frequência em que há um baixo número de indivíduos nas classes de diâmetro mais baixas, mas que aumenta em direção às classes de diâmetro mais altas. 3) Forma de sino, que mostrava um tipo de distribuição de frequências em que o número de indivíduos nas classes médias era elevado e diminuía em direção às classes de diâmetro inferior e superior e 4) Forma irregular, que parecia um padrão de distribuição em forma de sino, mas com uma ausência completa de indivíduos nalgumas classes e uma representação justa de indivíduos noutras classes (Solomon Melaku, 2012). Estes padrões foram ilustrados pelas oito espécies dominantes que tinham sido selecionadas com base na sua distribuição de frequência relativa e no índice de valor de importância.

Assim, a classe de diâmetro de *Croton macrostachyus* (Fig. 4.5a), *Carissa edulis* (Fig. 4.5b), *Maytenus arbutifolia* (Fig. 4.5c), *Allophylus abyssinicus* (Fig. 4.5e) e *Calpurnia aurea* (Fig. 4.5f) apresentavam um padrão interrompido em forma de J invertido. *Olea europaea* (Fig. 4.5g), *Albizia gummifera* (Fig. 4.5h) apresentavam um padrão irregular e *Acacia abyssinica* (Fig. 4.5d) apresentava um padrão em forma de sino. Isto reflecte um estado de regeneração prejudicado da espécie devido a possíveis razões como a perturbação humana, o pisoteio do gado ou o pastoreio na área (impactos de animais domésticos como a cabra, a ovelha e o gamo).

Os padrões de distribuição das classes de diâmetro à altura do peito (DAP) indicaram as tendências gerais da dinâmica populacional e dos processos de recrutamento das espécies. A partir das distribuições das classes de DAP das espécies, foram determinados dois tipos de estado de regeneração, ou seja, boa e má regeneração. Algumas espécies possuíam um elevado número de indivíduos nas classes mais baixas de DAP, particularmente na primeira classe, o que sugere que têm um bom potencial de regeneração. Outras espécies não possuíam ou possuíam poucos indivíduos nas classes inferiores de DAP, particularmente na primeira classe, o que indica que as espécies estão em mau estado de regeneração.

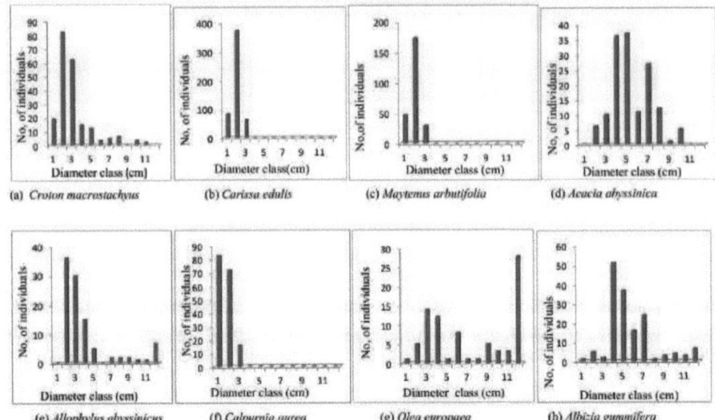

Figura 4.5. Distribuição da frequência das classes de diâmetro das espécies arbóreas selecionadas.
Classe de DAP: (1=<4 cm; 2= 4-8 cm; 3= 8-12 cm; 4= 12-16 cm; 5= 16-20 cm; 6= 20-24 cm; 7= 24-28 cm; 8= 28-32 cm; 9=32-36 cm, 10=36-40 cm, 11=40-44 cm, 12=>44 cm).

Por outro lado, os padrões de distribuição das classes de altura dividem-se em três categorias (Fig. 4.6). Estas foram: 1) forma de J invertido interrompido, que parecia mostrar um padrão em que a distribuição da frequência das espécies tinha a frequência mais alta nas classes de altura mais baixas e uma diminuição gradual em direção às classes mais altas. Mas mostrando ou uma ausência completa ou uma diminuição muito elevada da densidade algures nas classes mais baixas ou nas classes intermédias, 2) Forma em J, que mostrava um tipo de distribuição de frequências em que havia um número baixo de indivíduos nas classes de altura mais baixas, mas que aumentava em direção às classes de altura mais altas, e 3) Forma irregular, que parecia geralmente um padrão de distribuição em forma de sino, mas com uma ausência completa de indivíduos numa determinada classe e uma representação razoável de indivíduos noutra classe. Assim, as classes de altura de *Allophylus abyssinicus* (Fig. 4.6e) e *Albizia gummifera* (Fig. 4.6h) apresentavam um padrão em forma de J. *Carissa edulis* (Fig. 4.6b), *Maytenus arbutifolia* (Fig. 4.6c), *Calpurnia aurea* (Fig. 4.6f) apresentavam um padrão em forma de J invertido interrompido, *Croton macrostachyus* (Fig. 4.6a), *Acacia abyssinica* (Fig. 4.6d), *Olea europaea* (Fig. 4.6g) uma forma quase irregular (forma de sino).

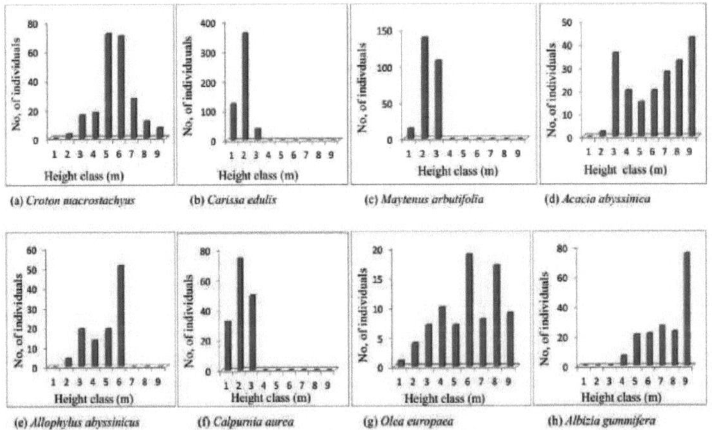

Figura 4.6. Distribuição da frequência acumulada das classes de altura das espécies lenhosas.
Classe de altura (1=< 2m; 2= 2-4m; 3= 4-6m; 4= 6-8m; 5= 8-10m; 6= 10-12m; 7= 12-14m; 8=14-16m, 9=>16m)

4.3. Área basal, frequência e Índice de Valor de Importância (IVI)

A área basal fornece a medida da importância relativa das espécies do que a simples contagem de caules, (Lamprecht, 1989). As espécies com maior contribuição no valor de dominância através de uma área basal mais elevada podem ser consideradas como as espécies mais importantes na vegetação em estudo. Por outro lado, na maioria dos casos, os arbustos podem ser as espécies dominantes se apenas considerarmos a densidade como uma medida para indicar a dominância global das espécies (Adefires Worku, 2006; Simon Shibru e Girma Balcha, 2004).

A área basal média de todas as espécies lenhosas foi de 20,03 m^2 /ha. As seguintes espécies foram as que mais contribuíram para a área basal: *Albizia gummifera* (22,87%), *Olea europaea* (17,77%), *Croton macrostachyus* (15,76%), *Acacia abyssinica* (14,30%), *Carissa edulis* (10,95%), *Maytenus arbutifolia* (3,85%), *Allophylus abyssinicus* (3,79%) e *Juniperus procera* (3,75%). Mas as outras espécies restantes contribuíram apenas com 6,94% (Anexo 4). Este facto implica que as oito espécies acima mencionadas são as espécies lenhosas mais importantes do ponto de vista ecológico nas florestas naturais de Woynwuha.

O índice de valor de importância (IVI) é um bom índice para resumir as caraterísticas da vegetação e classificar as práticas de gestão e conservação das espécies. Reflecte o grau de dominância e abundância de uma determinada espécie em relação às outras espécies na área (Kent e coker, 1992). O resultado do Índice de Valor de Importância (IVI), que é calculado a partir da densidade relativa, da área basal relativa (dominância relativa) e da frequência relativa das espécies lenhosas, é apresentado no (Anexo 7). De acordo com Lamprecht (1989), os povoamentos que produzem mais ou menos o mesmo IVI para as espécies caraterísticas indicam a existência de uma composição e estrutura de povoamento iguais ou pelo menos semelhantes, requisitos do sítio e dinâmica comparável entre espécies.

O resultado do índice mostrou que as dez espécies lenhosas mais importantes com o IVI mais elevado, por ordem decrescente, foram *Carissa edulis* (8,57%), *Maytenus arbutifolia* (6,44%), *Pittosporium viridiflorum* (5.52%), *Coffiee Arabica* (4,74%), *Myrsine africana* (4,08%), *Albizia gummifera* (3,25%), *Jasminum abyssinicum* (3,06%), *Calpurnia aurea* (2,99%), *Bersema abyssinica* (2,82%) e *Croton macrostachyus* (2,72%). Estas contribuíram para mais de 11,22% do total dos índices de valor de importância; isto implica que estas espécies lenhosas são as espécies lenhosas mais importantes do ponto de vista ecológico na área de estudo. Enquanto que as espécies com pequena contribuição para o IVI total foram como *Ficus vasta, Erica arborea, Cordia africana*, e outras, as espécies lenhosas com IVI inferior a dez estão ameaçadas e necessitam de medidas de conservação imediatas (Anexo 7).

Albizia gummifera (22,873), *Olea europaea* (17,774), *Croton macrostachyus* (15,759), *Acacia abyssinica* (14,3040, *Carissa edulis* (10,957) foram as espécies com maior área basal relativa, e *Carissa edulis* (15.624), *Maytenus arbutifolia* (10.692), *Calpurnia aurea*(7.657), *Croton macrostachyus* (7.243) foram as espécies com maior densidade relativa, On

por outro lado *Croton macrostachyus* (7,579), *Carissa edulis* (7,024), *Maytenus arbutifolia* (6,47), *Acacia abyssinica* (5,545), *Allophylus abyssinicus* (5.36), *Calpurnia aurea* (5,176), *Olea europaea* (5,176), *Albizia gummifera* (4,621), *Rosa abyssinica* (3,327) foram as espécies com maior frequência relativa nas florestas naturais de Woynwuha. A espécie mais abundante neste estudo é *Carissa edulis* (434,88/ha) seguida de *Maytenus arbutifolia* (297,6/ha).

A frequência reflecte o padrão de distribuição e dá uma indicação aproximada da heterogeneidade de um povoamento (Haileab Zegeye, 2005; Lamprecht, 1989). A frequência relativa mais elevada foi registada por *Croton macrostachyus*, que tem uma densidade relativa relativamente mais elevada e a área basal relativa mais elevada. Isto pode dever-se ao facto de estas espécies poderem ter uma vasta gama de mecanismos de dispersão de sementes, como o vento, o gado, os animais selvagens, as aves e outros. Os estudos indicaram que os valores elevados nas classes de frequência mais elevadas (classes A e B) e os valores baixos nas classes de frequência mais baixas (classes C e E) indicavam uma composição de espécies constante ou semelhante, de acordo com Simon Shibru e Girma Balcha, (2004). Por outro lado, valores elevados nas classes de frequência mais baixas e valores baixos nas classes de frequência mais elevadas indicam um elevado grau de heterogeneidade florística. No presente estudo, obtiveram-se valores elevados nas classes de frequência mais baixas, ao passo que se obtiveram valores baixos nas classes de frequência mais elevadas (Fig. 4.5). Isto mostrou que existe heterogeneidade florística nas florestas naturais de Woynwuha.

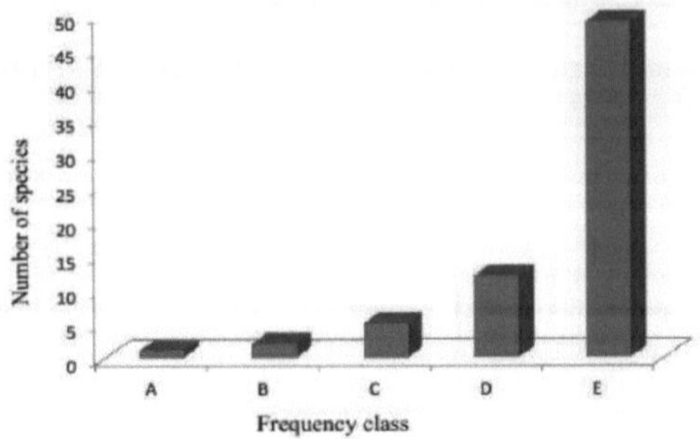

Figura 4.7. Distribuição de frequência das espécies lenhosas das florestas naturais de Woynwuha. Classe de frequência: (A= 81-100%; B= 61-80%; C= 41-60%; D= 21-40%; E= 0-20%

4.4. Estado de regeneração

A composição e a densidade de plântulas e rebentos indicariam o estado da regeneração na zona de estudo. A estrutura da população ajuda a estudar o padrão de regeneração de uma espécie (Swamy *et al.* 2000). As florestas naturais de Woynwuha tinham um número relativamente elevado de plântulas 3274 (37,64%), seguidas de mudas 2950 (33,92%) e árvores maduras 2474 (28,44%). Um total de 6224 indivíduos (1991,68 indivíduos/ha) de plântulas e mudas pertencentes a 61 espécies foram contados em todos os quadrantes, enquanto um total de 3274 indivíduos (1047,68 indivíduos/ha) de mudas foram contados para 58 espécies, e um total de 2950 indivíduos (944 indivíduos/ha) de plântulas foram contados para 56 espécies.

Assim, as seguintes espécies foram as que mais contribuíram para a contagem de plântulas por hectare: *Maytenus arbutifolia* (267,2), *Carissa edulis* (214,72), *Calpurnia aurea* (163,52), *Croton macrostachyus* (129,6), *Acacia abyssinica* (108,16), *Otostegia integrifolia* (101,44), *Bersema abyssinica* (90,24), *Allophylus abyssinicus* (87.36), *Albizia gummifera* (77,76), *Rhus vulgaris* (72,64), *Rosa abyssinica* (76,8), *Cassipourea malosana* (52,16), *Dodonaea viscose* (48), *Olea europaea* (41,28), *Myrsine africana* (34,24), *Rhus retinorrhoea* (41,6), (Apêndice 8) e (Fig. 4.8).

De um modo geral, nesta avaliação de plântulas e mudas, *Carissa edulis*, *Maytenus arbutifolia*, *Calpurnia aurea*, *Croton macrostachyus*, *Acacia abyssinica* e *Allophylus abyssinicus*, apresentaram um bom estado de recrutamento relativamente a outras espécies. Por outro lado, algumas espécies, como *Pouteria altissima*, *Albizia lophantha*, *Crassocephalum sarcobasis* e *Cordia africana*, apresentaram um menor estado de recrutamento de plântulas e rebentos. Isto pode dever-se ao efeito seletivo do pastoreio dos animais e ao problema de adaptação ecológica na área de estudo. Em geral, observou-se uma boa regeneração para a maioria das espécies de arbustos do que para as árvores, o que requer um estudo mais aprofundado.

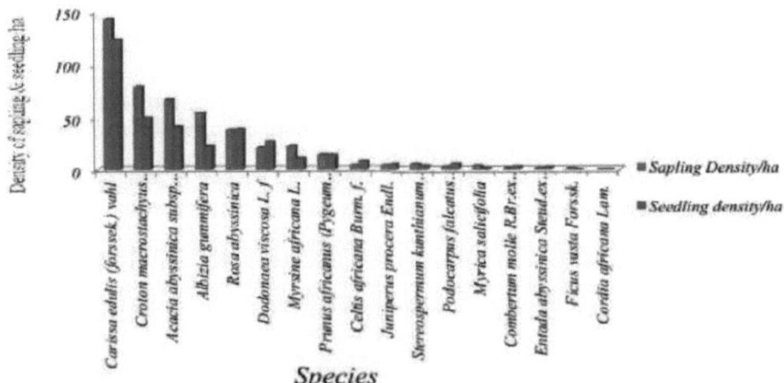

Figura 4.8. Estado de regeneração (plântula e rebento) das espécies arbóreas lenhosas.

Em geral, a ação de cercar a área de estudo pelo governo pode ter contribuído para a reabilitação da vegetação. O corte ilegal de árvores por parte da população local para diferentes actividades, como a recolha de lenha, materiais de construção e outros, foi bastante minimizado após o cercamento da área. É evidente que a composição de espécies e as estruturas florestais aumentaram significativamente devido à vedação da área

4.5. Similaridade na composição das espécies lenhosas

A tendência da composição das espécies variou de uma floresta para outra. Do total de espécies identificadas nas florestas naturais de Woynwuha, 36 (44,44%) espécies, 22 (21,78%) espécies, 8 (7,34%) espécies foram encontradas nas florestas de Tara Gedam, Debrelibanos e Metema, respetivamente. 34 (20,98%) espécies, 47 (46,53%) espécies, 61 (55,96%) espécies apenas nas florestas naturais de Woynwuha quando comparamos com o local seletivo acima 56 espécies (34,56%) na floresta de Tara Gedam, 32 espécies (31,68%) na floresta de Debrelibanos, 40 espécies (36,69%) apenas nas florestas de Metema (Quadro 4.1) e (Anexo 9).

A similaridade na composição de espécies entre as florestas naturais de Woynwuha e as florestas de Tara Gedam foi de 0,44, entre as florestas naturais de Woynwuha e as florestas de Debrelibanos foi de 0,36, entre as florestas naturais de Woynwuha e as florestas de Metema foi de 0,14. O coeficiente de similaridade foi inferior a 0,5 (o máximo é 1,0), indicando que há baixa similaridade entre as florestas e que cada floresta tem suas próprias espécies caraterísticas sob condições climáticas uniformes.

Assim, parece provável que outros factores, como o tipo de espécie de plantação, as condições edáficas dos povoamentos, as práticas de gestão, a idade e a diferença de altitude entre os locais selecionados, etc., possam ter contribuído para as diferenças na semelhança da composição de espécies entre os locais selecionados. Outros autores (Feyera 1998; Feyera *et al.,* 2001; Pande *et al.*, 1988) apresentaram resultados semelhantes. Assim, as florestas naturais de Woynwuha, as florestas de Tara Gedam, as florestas de Debrelibanos e as florestas de Metema são importantes em termos de diversidade florística e sensíveis do ponto de vista da conservação.

Tabela 4.1. Coeficiente de semelhança entre a floresta natural de Woynwuha e o sítio seletivo W= floresta de Woynwuha, Tg= floresta de Tara gedam, Dl= floresta de Debrelibanos, M= floresta de Metema

	WvsTg		WvsDl		WvsM	
	Tipo de Spp	%	Tipo de Spp	%	Tipo de Spp	%
Ambos	36	44.44	22	21.78	8	7.34
outro sítio	56	34.56	32	31.68	40	36.69
Woynwuha	34	20.98	47	46.53	61	55.96
Total	126	100	101	100	109	100

4.6. Perceção da comunidade em relação à floresta

De acordo com os pontos de vista dos inquiridos, o estado atual da floresta em comparação com o estado anterior a 15 anos aumentou, segundo 88% dos inquiridos. No entanto, 10% dos inquiridos disseram que o estado da floresta está a diminuir, enquanto 2% disseram que o estado é o mesmo (Quadro 4.2).

Quadro 4.2: Estado atual da floresta em comparação com o seu estado 15 anos antes

Estado atual	Número de inquiridos	Percentagem
Aumentar	44	88.0

Diminuir	5	10.0
como é	1	2.0
Total	50	100.0

4.6.1. Importância socioeconómica da floresta

De acordo com a resposta dos informantes-chave, existem diferentes benefícios económicos, sociais e ecológicos obtidos a partir da floresta (Tabela 4.3). Além disso, durante a discussão do grupo de discussão , foi possível saber que existe também água de azevinho (*lideta tsebel*) que provém da floresta e que está a contribuir positivamente para a conservação da floresta. Além disso, existe uma longa rocha erguida chamada '*miseso dingay*' que pode servir de atração turística e gerar rendimentos.

Quadro 4.3. Importância socioeconómica das florestas naturais de Woynwuha

Não,	Importância socioeconómica	Número de inquiridos	Percentagem	Classificação
1	fonte de lenha	7	14.0	2
2	utilizado como pastagem	5	10.0	3
3	utilização de material de construção	5	10.0	4
4	valor cultural/ água de azevinho	2	4.0	5
5	a chuva passou a ser pontual	1	2.0	6
6	Lazer	1	2.0	7
7	Todas as opções anteriores	29	58.0	1
	Total	50	100.0	

Figura 4.9. Miseso Dingay, igreja D/kidanemihret e Parque do Milénio na área de estudo.

Importância económica

Os participantes na discussão em grupo sublinharam principalmente que, devido ao encerramento da área e à reabilitação da vegetação, a comunidade está a receber gratuitamente erva para a cobertura dos telhados e para a alimentação dos animais na época da seca, com a autorização dos serviços agrícolas da administração da kebele. Como não havia erva para a cobertura dos telhados e para a alimentação do gado, os residentes costumavam ir para longe.

Quadro 4.4. Importância económica das florestas naturais de Woynwuha

Importância económica	Frequência	Percentagem
compra de combustível seco a baixo custo	16	32.0
por acordo de apascentamento de animais	11	22.0
Ambos	23	46.0
Total	50	100.0

Importância social e opinião da população local

De acordo com os inquiridos durante a discussão em grupo, a recolha de lenha e o pastoreio eram livres antes dos 15 anos. O cercamento da área ajudou a reabilitação e o crescimento de diferentes vegetações e, por sua vez, ajudou os seus filhos a saberem o nome e a importância de diferentes vegetações na prática. Os resultados da entrevista realizada com a comunidade local (Tabela 4.5) mostraram que 96% (48 dos inquiridos) concordaram que os benefícios da floresta, que incluem a disponibilidade de espécies lenhosas, a interrupção do vento pela vegetação, o crescimento de gramíneas utilizadas para diferentes fins e o ecoturismo, superam os seus impactos negativos, como a restrição da entrada de animais domésticos na floresta, a caça de animais domésticos e as colheitas danificadas por animais selvagens e a falta de partilha de benefícios. Além disso, mais de 88% (44 dos inquiridos) deram grande ênfase à sustentabilidade e à vontade de gerir a área (Quadro 4.5). A perceção da população local é uma questão fundamental para o sucesso da gestão dos recursos comunitários (Emiru Birhane, 2002). Apesar de alguns dos inquiridos terem uma atitude negativa, 98% (49 dos inquiridos) têm uma atitude positiva em relação à sustentabilidade e à reabilitação da floresta (Tabela 4.5).

Tabela 4.5. Beneficiário e participante na gestão das florestas naturais de Woynwuha

Inquiridos	Resposta	Número de inquiridos	Percentagem (100%)
Beneficiário	Sim	48	96.0
	Não	2	4.0
Participante	Sim	44	88.0

	Não	6	12.0
Abate de árvores	A maioria está satisfeita	49	98.0
	Poucos são infelizes	1	2.0
Grau de Participação	Excelente	29	58.0
	Bom	5	10.0
	Médio	14	28.0
	Pobres	2	4.0

Cerca de 15% (30 dos inquiridos) consideram que o cercamento da floresta é a razão que os levou a ficar sem terra/escassez de terras agrícolas (Quadro 4.6). No entanto, parece haver uma relutância visível em participar plenamente no esforço de conservação e registam-se incidências consideráveis de intrusões. Isto pode dever-se às crises que as pessoas viveram anteriormente. Os inquiridos sublinharam que a floresta só trará grandes benefícios para o futuro se for gerida por uma aliança entre o governo e a comunidade local (Quadro 4.7).

Quadro 4.6. Principais problemas decorrentes da presença de florestas naturais de Woynwuha

Problema	Número de inquiridos	Percentage m
escassez de terras agrícolas	15	30.0
sem problemas	35	70.0
Total	50	100.0

De acordo com as regras e regulamentos estabelecidos pela população local, se os animais domésticos entrarem no território da floresta, o proprietário pagará 10 ETB por animal como castigo. Para além disso, a população local tem uma grande tendência para ouvir seriamente tudo o que lhe é dito pelos membros da sua própria comunidade e pelos anciãos do que por qualquer pessoa de fora, o que mostra que a inclusão de tais pessoas conhecedoras tem um valor tremendo para as futuras campanhas de sensibilização e para a conservação sustentável dos recursos nas florestas naturais de Woynwuha.

Quadro 4.7. Abordagem de gestão das florestas naturais de Woynwuha

Abordagem de gestão	Número de inquiridos	Percentagem
gestão do estado	2	4.0
gestão comunitária	2	4.0
gestão colaborativa	46	92.0
Total	50	100.0

Importância ecológica/alteração no ecossistema

De acordo com os inquiridos, 96% deles têm um sentimento de propriedade das florestas naturais de Woynwuha. As principais razões são o aumento da disponibilidade de árvores polivalentes (54%), a diminuição da erosão do solo e da seca (16%) e o aumento da diversidade de espécies (26%) (Quadro 4.8). Agora, observaram que os benefícios ecológicos que as pessoas da área de estudo obtiveram da floresta incluem o rejuvenescimento de diferentes espécies lenhosas e gramíneas, o reaparecimento de diferentes animais selvagens, a estabilização de ravinas, a boa regulação do ar e a recreação para a cidade circundante de Mertule Mariam e outras aldeias vizinhas.

Quadro 4.8. Razão do inquirido para o sentimento de posse

	Razão do sentido de propriedade	Número de inquiridos	Percentagem
Antes do encerramento	aumentar a erosão dos solos e a seca	8	16
	diminuir a diversidade de espécies	13	26.0
Após o encerramento	árvore utilizada para fins múltiplos	27	54.0
	ocorrência de queda de chuva	5	10.0
	aumento da vida selvagem	8	16.0

	aumento das receitas turísticas	2	4.0
	aumento da diversidade de espécies	35	70.0

Após o fechamento, as voçorocas se estabilizaram e a expansão parou. Deste ponto de vista, os inquiridos dos habitantes das redondezas aperceberam-se da importância de proteger a área e alguns conhecedores consideram as áreas protegidas como parte da sua vida quotidiana porque, direta ou indiretamente, a sua vida está associada aos recursos da floresta . Com base na entrevista individual de 50 informadores, a importância económica ficou em primeiro lugar, a importância ecológica em segundo lugar e a importância social em último lugar.

4.6.2. Seleção das espécies de árvores/arbustos mais comuns para diferentes utilizações

As espécies de árvores/arbustos preferidas mais comuns, por ordem de dominância de resposta, incluem *Olea europaea* (17,82%), *Albizia gummifera* (14%), *Carissa edulis* (13,55), *Rhus retinorrhoea* (11,21%), *Dodonaea viscosa* (7,94%) e *Croton macrostachyus* (7,48%) (Tabela 4.9).

Tabela 4.9. Lista das espécies arbóreas dominantes anteriormente

Não,	Nome da espécie	Percentagem (%)
1	*Olea europaea*	17.82
2	*Albizia gummifera*	14
3	*Carissa edulis*	13.55
4	*Rhus retinorrhoea*	11.21
5	*Dodonaea viscose*	7.94
6	*Croton macrostachyus*	7.48
7	*Acácia-senegalesa*	7
8	*Rosa abyssinica*	7
9	*Juniperus procera*	7
10	*Ficus vasta*	7

As espécies de árvores/arbustos mais comuns geridas atualmente, por ordem de dominância de resposta, incluem *Albizia gummifera* (18,39%), *Olea europaea* (13,33%), *Carissa edulis* (11,67%), *Allophylus abyssinicus* (10%) e *Rhus retinorrhoea* (9,4%) (Tabela 4.10).

Tabela 4.10. Lista das espécies arbóreas dominantes nestes dias

Não,	Nome da espécie	Percentagem (%)
1	*Albizia gummifera*	18.39
2	*Olea europaea*	13.33
3	*carissa edulis*	11.67
4	*Allophylus abyssinicus*	10
5	*Rhus retinorrhoea*	9.4
6	*Cordia Africana*	8.33
7	*Juniperus procera*	8.33
8	*Rosa abyssinica*	8.33
9	*Dodonaea viscose*	6.11
10	*Eucalipto spp*	6.11

Figura 4.10. Floresta natural de Woynwuha.

Tabela 4.11. Resumo da opinião dos inquiridos sobre as utilizações de diferentes espécies de árvores associadas à floresta natural de Woynwuha.

Árvore/arbusto	Valor de utilização %										Valor total	Classificação
	Combustível madeira	Construção	Fazenda ferramentas	Humano alimentos	Conservação dos solos e da água	Sombra	Vedação	Lazer	Madeira	Gado alimentação/forragem		
A. abyssinica	6.43				25.28	7.37	20.45				59.53	6
A. donax					20.84						20.84	14
A. gummifera		13.4	26.5			7.37		18.75			66.02	5
A. vera					15.59						15.59	15
Al. abyssinicu.s	11.62	18.56	11.76			5.26				11.63	58.83	7
C. Africana			7.5	7.5		15.79		21.87	39.4	8.19	100.25	3
C. edulis	20.46			19.58	19.8		31.81			29.06	120.71	2
C. tomentosa							12.52				12.52	17

D. abyssinica				12.88							12.88	16
E. abyssinica							10.23				10.23	18
E. spp	16.05	28.87					13.63				58.55	8
F. sur				16.78		21.05			9	9.3	56.13	9
F. vasta				13.18		24.21			16.7		54.09	11
J. procera						7.37		18.75	28.8		54.92	10
O. europaea	28.4	24.74	35.22			11.58		18.75	6	17.4	142.09	1
P. falcatus								21.87			21.87	13
R. abyssinica				22.38	18.49		11.36			24.42	76.65	4
R. vulgaris				7.7							7.7	19
R.retinorreia	17.04	14.43	19.02								50.49	12

4.6.3. Problema de gestão da floresta natural de Woynwuha

A análise de alguns dos factores que afectam as condições da floresta de Woynwuha mostrou que a pedregosidade das terras, a falta de sensibilização, a grande procura de produtos florestais, o corte ilegal, a expansão das terras agrícolas, o pastoreio aberto, a falta de orçamento e os incêndios florestais têm sido um problema nas florestas naturais de Woynwuha (Quadro 4.12). As principais intervenções de gestão que melhoram a regeneração de espécies arbóreas nas florestas apresentadas como prioritárias são: redução da intensidade do pastoreio, redução da intensidade da colheita de madeira, transplante de plântulas, sementeira de sementes combinada com a remoção de folhada e seleção/criação de micro sítios (Alemayehu Wasie, 2002).

Tabela 4.12. Principais problemas de gestão nas florestas naturais de Woynwuha

Restrições à produção	Número de inquiridos	Percentagem
Aumento da população humana	2	4.0
Falta de sensibilização	2	4.0
Corte ilegal	16	32.0
Expansão das terras agrícolas	13	26.0
Pastagem aberta	4	8.0
Incêndio florestal	4	8.0
Pedregosidade	2	4.0
Falta de orçamento	7	14.0
Total	50	100.0

Figura 4.11. Principais problemas observados que ameaçam a floresta natural de Woynwuha.

A. O aumento da população humana induziu uma maior procura de produtos florestais

De acordo com as informações da discussão em grupo e dos informantes individuais, 86% dos entrevistados, um certo número de pessoas rurais e residentes de uma gota selecionada, cuja vida diária depende da criação de animais e da produção de colheitas, vêem a floresta como o único lugar onde obtêm pasto/forragem, o que também é verdade na expansão de terras agrícolas. Como se indica na (Tabela 4.1) 16% dos inquiridos individuais concordaram que a maioria das pessoas que vivem à volta da floresta têm um rendimento muito baixo, que nem sequer satisfaz as suas necessidades diárias, pelo que têm de se esgueirar secretamente e recolher madeira, apesar do risco de serem apanhados pelos guardas e das consequências que daí advêm.

Figura 4.12. Problemas de aumento da população.

B. falta de sensibilização

A procura de lenha é limitada. É o caso da população rural e dos centros urbanos do país, onde a madeira é a principal fonte de energia para cozinhar (Derejje mekonnen, 2006). A situação mais triste é que estas pessoas não recolhem apenas as árvores secas, mas também descascam as cascas das árvores verdes para se certificarem de que estas ficarão secas quando voltarem. Diz-se que estas actividades irresponsáveis são predominantemente realizadas por habitantes ilegais que se presume terem mais consciência. Este facto justifica e reforça a necessidade de introduzir fogões economizadores de combustível e fontes de energia alternativas, que contribuem grandemente para a minimização da procura de lenha (Tabela 4.13).

Tabela 4.13. Origem da lenha nas AP selecionadas

Fonte madeira combustível	Número de inquiridos	Percentagem
da floresta circundante	12	24.0
do quintal	11	22.0
da zona de exploração	5	10.0

Todos	22	44.0
Total	50	100.0

Tabela 4.14. Forma de resolver a escassez de lenha

forma de resolver a escassez de lenha	Número de inquiridos	Percentagem
Plantando mudas em casa	10	20.0
e delimitador de terras agrícolas		
utilizar um fogão melhorado	11	22.0
Ambos	29	58.0
Total	50	100.0

C. Corte ilegal

Quase todas as casas são feitas de madeira. 48% dos inquiridos individuais mencionaram que as pessoas que vivem à volta da floresta utilizam madeira da floresta para a construção de casas (Tabela 4.11). Tais necessidades, a menos que sejam satisfeitas com outras alternativas, continuarão a ser uma pressão por detrás da intrusão das pessoas na floresta e devem ser encorajadas por todos os meios, na medida em que a dependência dos residentes em relação à madeira de construção diminua e a sua interferência na floresta seja minimizada. Os ecossistemas recém-emergentes podem ajudar a lutar para restaurar ecossistemas que serão adaptáveis e resistentes às mudanças locais e globais (Derejje mekonnen, 2006). As florestas existentes oferecem grandes oportunidades de recuperação. Podem servir como trampolins para restaurar a paisagem degradada circundante. Podem conduzir os programas de confinamento de áreas a uma trajetória de restauração em grande escala e, por sua vez, os confinamentos podem garantir a sustentabilidade futura das florestas (Alemayehu Wassie, 2005).

Figura 4.13. Problemas de corte ilegal.

D. *Expansão das terras agrícolas*

De acordo com a discussão de grupo dos informadores-chave e 26% dos inquiridos individuais, a expansão das terras agrícolas tem sido o principal problema no estudo. A área cercada não pôde ser vedada devido à falta de orçamento e a outros problemas. Além disso, a vedação pode proteger o gado do agricultor contra a entrada na floresta e a expansão das terras agrícolas, aumentando assim a produção de terras através da utilização de um sistema agrícola intensivo.

Figura 4.14. Expansão dos problemas das terras agrícolas.

E. *Conflitos entre os animais selvagens da floresta e a comunidade local*

Apesar de a maioria dos inquiridos concordar com os benefícios positivos da floresta, salientaram que as suas culturas e animais domésticos são frequentemente danificados e comidos por animais selvagens. De acordo com a discussão de grupo dos informadores-chave, proteger o seu gado e as suas culturas dos animais selvagens tornou-se extremamente difícil. A maioria dos inquiridos sugeriu que a conclusão da vedação reduziria significativamente estes impactos negativos e enfatizou que o número de javalis e hienas se tornou tão grande que necessita de um mecanismo de caça legal como forma de mitigar os seus danos nas culturas e nos animais, uma vez que minimiza a magnitude dos danos que os animais estão a infligir às pessoas, por um lado, e gera rendimentos da caça controlada, por outro. Estas sugestões também indicam o nível de consciencialização dos membros da comunidade.

F. *Pedregosidade e incêndios florestais provocados pelo homem*

A partir da observação de dados arquivados, um jovem que vive à volta da floresta cortou árvores e ateou fogo para aumentar o campo de futebol. Relativamente poucos inquiridos (12%) mencionaram que parte do terreno estava coberto de pedra, incapaz de ser reabilitado a curto prazo, e que os incêndios florestais constituem um problema adicional para obrigar os animais selvagens a sair de casa devido à perturbação do habitat, pelo que devem ser tomadas medidas para controlar estas actividades.

Figura 4.15. Problemas de pedregosidade e de incêndios florestais provocados pelo homem.

G. *Falta de orçamento*

A falta de orçamento é mencionada como um dos principais problemas para proteger as florestas naturais de Woynwuha e para implementar actividades de conservação e trabalhos de reabilitação eficazes. O tipo de floresta recentemente regenerada (floresta de *Juniperus*, com *Olea e Celtis*) é diferente do tipo anterior (floresta de *Podocarpus-Juniperus*) (Darbyshire *et al.*, 2003).

H. *Pastoreio livre*

Os nossos resultados confirmaram que o pastoreio do gado é o principal fator que limita o estabelecimento e a sobrevivência das plântulas e o seu crescimento nas florestas de woynwuha. Quase nenhuma das sementes semeadas foi capaz de germinar no parque dos milénios não vedado. Estudos efectuados nas terras altas da Etiópia mostraram que a pressão do pastoreio intenso aumentou significativamente o escoamento superficial e a perda de solo e reduziu a filtrabilidade do solo, o que, por sua vez, prejudica a adequação dos locais para a germinação (Mwendera e Mohamed Saleem, 1997). O maior desafio para a sobrevivência e crescimento das plântulas é novamente o pastoreio do gado. Observámos sinais de danos causados pelo pastoreio e pisoteio em quase todas as plântulas no parque dos milénios não vedado. O pastoreio aberto influenciou o estabelecimento das plântulas e a sobrevivência e o sucesso do crescimento das plântulas. Ao longo do gradiente do interior da floresta para a borda e campo aberto, em geral, o estabelecimento de mudas foi mais bem-sucedido no interior da floresta e, em particular, nas lacunas dentro da floresta (Cierjacks e colaboradores, 1994). As terras circundantes estão protegidas da intervenção de pastoreio e da agricultura.

Figura 4.16. Problemas de pastoreio livre.

O corte ilegal está classificado em primeiro lugar (Quadro 4.12), pois está relacionado com a subsistência da comunidade local, seguido da expansão das terras agrícolas e do pastoreio livre, que tem influência direta ou indireta nas propriedades das pessoas em redor da floresta. Por outro lado, a falta de sensibilização ocupa a última posição, pois não tem grande impacto nas actividades diárias da população local e na gestão e utilização sustentável das florestas naturais de Woynwuha, em comparação com os outros problemas que afectam a sustentabilidade e a reabilitação da floresta.

I. Abastecimento de água / caudal dos cursos de água

A partir da floresta em estudo existem três ribeiros, nomeadamente Wochit wuha, Shotel wonz e Sengev wonz. Estes são a fonte de água para os animais selvagens e para as pessoas mais próximas da floresta. Para resolver o problema dos danos causados aos animais domésticos e às culturas pelos animais selvagens que saem da floresta em busca de água, os informadores indicaram a construção de estruturas físicas e biológicas de conservação do solo e da água.

Figura 4.17. Abastecimento de água / Caudal do rio em Woynwuha.

4.6.4. Impactos humanos nos ecossistemas florestais

O inquérito revelou que a procura crescente de terras agrícolas e de produtos de madeira, impulsionada pelo crescimento da população humana, levou à destruição das florestas naturais de Woynwuha. Atualmente, os recursos florestais estão sujeitos a uma grande pressão humana e irão diminuir num futuro próximo, a menos que sejam tomadas medidas adequadas e imediatas. A sobre-exploração das florestas para a produção de madeira resultou na redução de algumas das espécies de árvores economicamente importantes.

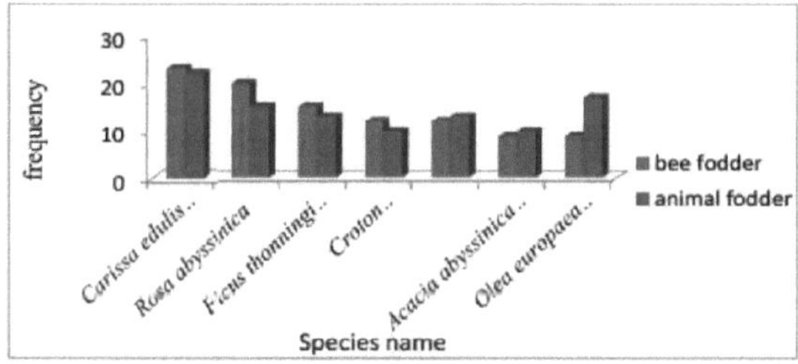

Figura 4.18. Preferência das espécies como forragem para a produção de mel e carne.

A partir da observação de campo, as plantações (Parque do Milénio) em torno das florestas naturais de woynwuha e os programas de cercamento de áreas estão bem integrados; é possível restaurar novamente a vegetação perdida em debreyakob kebele. A restauração da vegetação perdida em debreyakob kebele é novamente possível. A expansão das terras agrícolas, o corte de madeira para construção e a recolha de lenha foram as causas subjacentes mais importantes da perda do coberto vegetal natural. Os sistemas de gestão florestal sustentável tentam desenvolver sistemas em que os recursos renováveis (por exemplo, madeira ou produtos florestais não lenhosos) possam ser extraídos sem prejudicar o ambiente e as gerações futuras. Este estudo também revelou que a seleção do guarda florestal é afetada pela relação de sangue.

Tabela 4.15. Razões pelas quais os inquiridos concordam com a presença da cabaça

Razões dos inquiridos	Frequência	Percentagem
diminuir as pessoas sem trabalho	9	18.0
pensar como proprietário	4	8.0
redução do corte ilegal	24	48.0
aos técnicos as pessoas que têm falta de	2	4.0
sensibilização para a floresta		
Todos	11	22.0
Total	50	100.0

CONCLUSÕES E RECOMENDAÇÕES

Conclusões

A composição florística das espécies lenhosas, a estrutura, o estado de regeneração e o problema de gestão das florestas naturais de Woynwuha foram estudados e os resultados mostram que a floresta natural de Woynwuha tem uma elevada composição e diversidade florística com uma boa distribuição. Fabaceae foi a família de vegetação dominante. O índice de diversidade vencedor de Shannon também mostrou um valor de diversidade mais elevado em comparação com outras florestas. Para além disso, a floresta tem uma distribuição de espécies mais ou menos uniforme. No entanto, os resultados relativos às espécies lenhosas revelaram que apenas algumas espécies registaram uma densidade e uma área basal elevadas. Os padrões de distribuição da frequência cumulativa das classes de diâmetro e altura dos indivíduos lenhosos resultaram numa forma de J invertido interrompido, o que reflecte um perfil de regeneração mais ou menos bom na área. Do mesmo modo, a estrutura populacional das oito espécies importantes selecionadas resultou no facto de todas elas se encontrarem em bom estado de regeneração, embora o grau dos problemas varie de espécie para espécie. *Cordia africana* foi a espécie mais afetada, seguida de *Crassocephalum sarcobasis, Albizia lophantha e Pouteria altissima.*

Em geral, os resultados deste estudo mostraram que o estado da população de espécies arbóreas das florestas naturais de Woynwuha está num estado de boa regeneração. No entanto, nas classes de tamanho mais elevadas, o número de indivíduos diminui drasticamente, provavelmente devido ao corte ilegal e à elevada taxa de abate que se regista na área. No entanto, *Carissa edulis*, que é uma das espécies de árvores economicamente importantes, apresenta uma densidade mais elevada, uma boa regeneração e um IVI elevado na maioria das utilizações do solo nas florestas naturais de woynwuha. Se forem aplicadas actividades de gestão adequadas, a natureza da estrutura da população da maioria das espécies de árvores será melhorada.

As florestas naturais de Woynwuha possuem uma elevada riqueza e uniformidade de espécies, incluindo espécies vegetais endémicas. A semelhança na composição de espécies entre woynwuha e outras florestas selecionadas foi baixa, indicando que cada floresta tem as suas próprias espécies caraterísticas. Este facto é atribuído à diferença de altitude, à diversidade de habitats e à elevada perturbação humana. Os índices de diversidade e regularidade indicam a necessidade de conservar as florestas, tanto do ponto de vista da diversidade florística como dos problemas de gestão. Os valores do IVI revelam as espécies lenhosas mais importantes do ponto de vista ecológico nas florestas e as que devem ser consideradas prioritárias para conservação.

A distribuição das classes de DAP mostra que algumas espécies estão em mau estado de regeneração devido à perturbação humana. As espécies que apresentam valores baixos de IVI e um estado de regeneração deficiente devem ser consideradas prioritárias para conservação. O mau estado de regeneração e recrutamento de algumas espécies sujeitas a dinâmicas biológicas na floresta sem intervenção de gestão científica; agravado por influências externas, principalmente o pastoreio livre e o corte ilegal, pode levar ao desaparecimento de algumas das espécies. Por conseguinte, a atual composição de espécies das florestas pode ser alterada ao longo do tempo.

Além disso, com exceção de algumas queixas associadas aos danos causados às culturas e aos animais domésticos por animais selvagens, a maioria dos inquiridos locais teve uma atitude positiva em relação à preservação das florestas naturais de woynwuha, o que constitui uma oportunidade para a conservação das florestas. Por conseguinte, as florestas remanescentes isoladas, com a sua maior diversidade lenhosa, constituem um potencial para sítios de conservação in situ e ex situ. Apesar da sua importância ecológica, social e económica, as florestas naturais de Woynwuha não são geridas de forma adequada e não é dada a devida atenção a esta área. A influência do crescimento populacional com a escassez de recursos florestais disponíveis e o desvio da perceção de alguns membros da comunidade devido à falta de sensibilização e à 'modernidade' são as principais ameaças. O estudo mostrou as consequências ambientais das intervenções de gestão, com especial destaque para a taxa e a tendência de conversão da cobertura vegetal natural nas florestas naturais de woynwuha.

As florestas fornecem vários produtos, como lenha, material de construção, madeira, ferramentas agrícolas, sombra, forragem para animais, forragem para abelhas, recreação e frutos comestíveis. Apesar da sua importância socioeconómica e ecológica, as florestas estão atualmente sujeitas a uma pressão humana crescente. O pastoreio de gado, o corte ilegal de árvores para vários fins e a expansão das terras agrícolas são as principais ameaças aos recursos florestais. A comunidade tem desempenhado um papel vital na manutenção da floresta. A integração de medidas de conservação seria mais eficaz.

Com a gestão atual, as florestas da floresta natural de woynwuha parecem estar ameaçadas. Em geral, a floresta natural de woynwuha está a criar diferentes oportunidades e benefícios para os habitantes mais próximos da cidade e para o governo. Se não forem efectuadas determinadas intervenções de gestão, a maior parte das florestas do kebele de Debreyakob perder-se-á e a produção de árvores ficará comprometida. Se esta situação se mantiver, a pressão na floresta natural de woynwuha aumentará e, consequentemente, a conservação da floresta natural de woynwuha em particular e a biodiversidade florestal em geral serão ameaçadas. A fim de verificar a conservação e a sustentabilidade da floresta natural de Woynwuha, devem ser ponderados os seguintes pontos. Os resultados desta investigação foram semelhantes aos de vários estudos efectuados no país, uma vez que a altitude foi a variável ambiental mais importante na determinação da ocorrência e distribuição das comunidades vegetais.

Recomendações

A fim de assegurar a conservação, gestão e utilização sustentável da floresta natural de Woynwuha, foram apresentadas as seguintes recomendações para uma gestão eficaz na área de estudo:

- É necessária uma gestão florestal participativa da zona por parte da população local e das entidades governamentais e/ou ONG interessadas, com vista à utilização sustentável dos recursos das florestas naturais.
- Recorrer a membros da comunidade com conhecimentos nas campanhas de sensibilização, tendo em conta o facto de as pessoas terem grande tendência para ouvir seriamente o que lhes é dito pelos membros da sua própria comunidade e pelos mais velhos do que por qualquer pessoa de fora, e designar pessoas qualificadas para a conservação e reabilitação das florestas naturais de woynwuha.
- A opção mais importante para salvar urgentemente a floresta remanescente é resolver o problema-chave da comunidade. O governo e suas instituições devem desempenhar papéis e responsabilidades para resolver o problema. Esta opção também precisa de ser associada a serviços de extensão fortes para sensibilizar a comunidade para a conservação e utilização sustentáveis das espécies lenhosas
- Devem ser organizados fóruns de discussão regulares para que as partes interessadas possam aprender com as relações fracas do passado e trabalhar para uma melhor forma de cooperação e coordenação.
- Incentivar a comunidade local, incluindo a da cidade de Mertule Mariam, a utilizar fogões eficientes para reduzir a forte dependência da floresta remanescente.
- A proteção jurídica da floresta deve ser reforçada para tornar mais eficazes os mecanismos de proteção da floresta natural.
- Os métodos de conservação in situ e ex situ têm de ser utilizados para a conservação de espécies indígenas com baixos valores de IVI e um estado de regeneração deficiente.
- Devem ser realizadas intervenções integradas de investigação e desenvolvimento para estudos mais aprofundados sobre os padrões da composição, estrutura e estados de regeneração da floresta através de uma gestão eficaz na área.

REFERÊNCIA

Abayneh Derero, Tamrat Bekele e Bert-Ake, N. 2003. Population structure and regeneration of woody species in a broad-leaved Afromontane rain forest, SouthWest Ethiopia. *Ethiopian Journal of Natural Resource* 5(2): 255-280.

Abeje Eshete, Demel Teketay e Hulten Hakan. 2005. A importância socioeconómica e o estado das populações de Boswellia papyrifera (Del.) Hochst no norte da Etiópia: O caso da Zona Norte de Gondar. *Forests, Trees and Livelihoods.*15:55-74.

Adefires Worku. 2006. *Estado da População e Importância Socioeconómica de Espécies Portadoras de Goma e Resina nas Terras Baixas de Borana, no Sul da Etiópia.* Dissertação de Mestrado. Dissertação de Mestrado. Universidade de Addis Ababa, Departamento de Biologia, Addis Ababa.

Aklog Laike. 1990. Recursos florestais e desenvolvimento e legislação florestal do Ministério da Agricultura. In: Documento da Conferência sobre a Estratégia Nacional de Conservação, Volume 3. Ethiopia's Experience in Conservation and Development. Gabinete do Comité Nacional para o Planeamento Central, Adis Abeba.

Alemayhu Wassie, Teketay D, Powell N. 2002. Church forests in North Gonder Administrative Zone, northern Ethiopia. *Forests, Trees and Livelihoods*, 15:349-373.

Alemayehu Wassie. 2005. *Opportunities, constraints and prospects of the Ethiopian Orthodox Tewahido Churches in conserving forest resources: the case of churches in South Gondar, northern Ethiopia.* Tese de Mestrado, Universidade Sueca de Ciências Agrícolas.

Allen, R.B., Bellingham, P.J. e Wiser, S.K. 2003. Developing a Forest Biodiversity Monitoring Approach for New Zealand, *New Zealand Journal of Ecology* 27(2): 207220.

Ameha, Tadesse. 2006. Impacto da invasão *de prosopis juliflora* (sw.dc.) na biodiversidade vegetal e nas propriedades do solo no vale do rifte médio, Dissertação de Mestrado, Universidade de Hawassa. Etiópia.

Aramde. 2006. *Diversidade e importância socioeconómica dos produtos florestais não lenhosos da área florestal de Menagesha Suba, Etiópia Central.*

Arnold, J.E.M. e Ruiz Perez, M. 1998. The Role of Non-timber Forest Products in Conservation and Development, pp17 - 42, em E. Wollenberg e A. Ingles (eds.), *Incomes from the forest: Methods for the development and conservation of forest products for local communities.* CIFOR / IUCN.

Azene Bekele. 2007. *Árvores e arbustos úteis para a Etiópia.* Unidade regional de conservação do solo/SIDA. Etiópia.

Barnes, B. V., Zak, D. R., Denton, S. R., Spurr, S. H. 1998. *Forest Ecology.* quarta edição. Wiley, Nova Iorque.

Begon, M., Harper, J. L. e Townseed, C. R. 1996. *Ecology: individuals, Populations and Communities.* Third eds. Blackwell Science Ltd, Londres.

Bernhardt, E.e Swiecki, T. J. 1993. O estado da silvicultura urbana na Califórnia. Preparado para: Urban Forestry. Programa, Departamento de Silvicultura e Proteção contra Incêndios da Califórnia, Sacramento, CA. p91.

Bonnefille, R. e Hamilton, A. 1986. História quaternária e terciária tardia da vegetação da Etiópia. In: Hedberg, I., (Ed.). *Research on the Ethiopian flora.* Actas do primeiro Simpósio da Flora Etíope realizado em Uppsala de 22 a 26 de maio de 1984. Uppsala, pp. 4855.

Braun-Blaunquet, J. 1932. *Sociologia vegetal.* O estudo das comunidades vegetais. Hafner publishing company New York and London.

Calder, I.R. 2003. Forests and Water-Closing the gap between public and science perceptions. Comunicação principal, Simpósio da Água de Estocolmo,

Cavalcanti, E. A. H., Larrazabal, M. E. L. 2004. De. Macrozooplancton da zona economica exclusiva do nordeste do brasil (segunda expedicao oceanografica- REVIZEE/NE II) com enfase em Copepoda (Crustacea). *Revista Brasileirade Zoologia.* 21 (3): 467475.

Cierjacks e colaboradores. 1994. Optical Model Analysis of Neutron Cross Sections and Strength Functions.

Clements, F.E. 1916. *Plant Succession.* An Analysis of the Development of vegetation carngie Institute, Washington.

Crafter S.A., Awimbo, J. & A.J. Broekhoven.1997. *Non Timber Forest Products:* Values, Uses and Management Issues in Africa, Including Examples from Latin America, IUCN- Forest

Conservation Program.
CSA. 2009. Autoridade Estatística da Etiópia. *Autoridade Central de Estatística* da República Federal da Etiópia, Adis Abeba.
Cufodontis. G. 1953; 1972. *Enumeratio Plantarum Aethiopiae Sepermatophyta.* Bulletin Jardin Botanic dell' Etat Burxelle 23-42, Bruxelles.
Cunningham W.P. e Saigo B.W. 1995. *Environmental Science.* Uma Preocupação Global.Wm.C. Brown .USA. pp. 611.
Cunningham A e B. 2001. *Applied Ethnobotany: People, Wild Plant Use and Conservation.* Londres: Earthscan.
Curtis J. T. e McIntosh R. P. 1951. Um continuum de terras altas na região de fronteira da floresta de pradaria de Wiesconsin. *Ecology.* 32:476-496.
Darbyshire, I., Lamb, H. & Umer, M. 2003. Forest clearance and regrowth in northern Ethiopia during the last 3000 years. *Holocene,* 13(4), 537-546.
Gabinete do Centro de Formação de Agricultores de Debreyakob kebele. Relatório anual 2012/13, Gonch siso enesie, Amhara, Etiópia.
DMSL (Debere Markos Soil libratory). 2007. Manual da Biblioteca do Solo de Debere Markos, Debere Markos, Etiópia.
Demel Teketay. 1992. Human impact on a natural montane forest in southeastern Ethiopia, *Mountain Research & Development* 12 (4), 393-400
Demel Teketay. 1996. *Seed Ecology and Regeneration in Dry Afromontane Forests of Ethiopia (Ecologia de Sementes e Regeneração em Florestas Secas Afromontanas da Etiópia).* Tese de doutoramento, Universidade Sueca de Ciências Agrícolas, Umea, Suécia
Demel Teketay. 1997. População de plântulas e regeneração de espécies lenhosas em florestas secas de Afromontane da Etiópia. *Forest Ecology and Management* 98: 149-165.
Demel Teketay. 2005. Ecologia da semente e da regeneração em florestas secas Afromontanas da Etiópia: Produção de sementes - estrutura populacional. *Tropical ecology* 46(1): 29:44.
Demel Teketay e Mulugeta Limenih. 2005. Role of Forestry in poverty alliviation in Ethiopia (Papel da silvicultura na redução da pobreza na Etiópia). Workshop sobre o papel da silvicultura na aliviação da pobreza na Etiópia. Adis Abeba, outubro de 2003.
Demel Teketay e Tamrat Bekele. 1995. Composição florística do Vale de Dakata, sudeste da Etiópia: uma implicação para a conservação da biodiversidade. *Mountain Chronicles* 15(2):183-186.
Dereje Mekonnen. 2006. *Composição de espécies lenhosas do Parque Regional de Dilfaqar e a sua importância socioeconómica.* Dissertação de Mestrado, Adis Abeba, Etiópia.75pp.
Dixon e Robert k. 1996. Agroforestry systems and green house gases: *Journal of Agroforestry Today* vol.8 No.1 pp11-14.
Tendências da Terra. 2003. Forests, Grasslands, and Dry lands-Ethiopia (Florestas, Prados e Terras Secas-Etiópia). Earth Trends, Country Profiles, Adis Abeba, Etiópia. .
Edwards, S. 1976. *Some wild flowering plants of Ethiopia. Imprensa da Universidade de Adis Abeba,* Adis Abeba, Etiópia.
Edwards, S, Mesfin Tadesse & I. Hedberg. 1995. *Flora of Ethiopia and Eritrea.Volume 2 (2).* Herbário Nacional, Addis Abeba e Universidade de Uppsala.
EFAP (Programa de Ação Florestal da Etiópia). 1993. *O desafio para o desenvolvimento. Volume 2.* Ministério do Desenvolvimento dos Recursos Nacionais e da Proteção do Ambiente. A.A.
Emiru Birhane. 2002. *Contribuição real e potencial dos recintos fechados para o aumento da biodiversidade em terras secas do Tigray oriental, com particular incidência nas plantas lenhosas. Tese de Mestrado. Universidade Sueca de Agricultura (SLU).*
EPA (Autoridade de Proteção do Ambiente) e MEDAC (Ministério do Desenvolvimento Económico e da Cooperação). 1997. *A Estratégia de Conservação da Etiópia.* Volume I. A Base de Recursos, a sua Utilização e o Planeamento para a Sustentabilidade. Addis Abeba, Etiópia.
EPA (Autoridade de Proteção Ambiental). 1998. Programa de Ação Nacional de Combate à Desertificação. novembro de 1998, Adis Abeba.
Erdtman, G. 1969. *An introduction to the study of pollen Grains and spores: Handbook of Palynology, Morphology-Taxonomy-Ecology,* Hafner publishing co. Nova Iorque. Munksgaard, Copenhaga, Dinamarca, EUA.

Ermias Aynekulu. 2011. *Diversidade florestal em paisagens fragmentadas do norte da Etiópia e implicações para a conservação*. Dissertação de doutoramento, Bona.
Eshetu Yirdaw. 2002. *Restauração da diversidade de espécies lenhosas nativas, utilizando espécies de plantação como árvores de fomento, nas terras altas degradadas da Etiópia*. Dissertação académica. Helsínquia, 2002.
Espinosa, C.I. e Cabrera, O. 2011. Que factores afectam a diversidade e a composição de espécies das Florestas Secas Tumbesianas ameaçadas de extinção no Sul do Equador? Biologia Tropical e Conservação 43(1): 15-22.
Ethiopian Wildlife and Natural History Society (Sociedade Etíope de Vida Selvagem e História Natural). 1996. Important bird areas of Ethiopia. Semayata Press, Addis Abeba, 300 p.
Ewnetu Dersha. 2006. *Biodiversity in Ethiopia*: A Review. Organização de Investigação Agrícola da Etiópia. Addis Abeba.
FAO (Organização das Nações Unidas para a Alimentação e a Agricultura). 1993 "*Report on the State of the World's Plant Genetic Resources for Food and Agriculture" (Relatório sobre o estado dos recursos fitogenéticos mundiais para a alimentação e a agricultura)*
FAO (Organização das Nações Unidas para a Alimentação e a Agricultura). 2001. Avaliação global dos recursos florestais 2000. FAO Forestry Paper 140. Roma, Itália
FAO (Organização das Nações Unidas para a Alimentação e a Agricultura). 2005. State of the World's Forests. FAO. Roma, Itália FAO. 2007. State of the world's forests: 2007. FAO: Roma.
FAO (Organização das Nações Unidas para a Alimentação e a Agricultura). 2007. State of the World's Forests, Roma: Organização das Nações Unidas para a Alimentação e a Agricultura.
Feyera Senbeta. 1998. *Regeneração de espécies lenhosas nativas sob as copas de plantações de árvores na área do projeto florestal de Munessa-Shashemene, sul de Oromia, Etiópia.* Tese de Mestrado. Universidade Sueca de Ciências Agrícolas, Skinnskatterberg.
Feyera Senbeta, Demel Teketay & Naslund, B-A. 2001. Regeneração de espécies lenhosas nativas em plantações de árvores exóticas na Floresta de Munessa-Shashemene, Etiópia. New Forests (No prelo).
Feyera Senbeta, Tadesse Woldemariam, Sebsebe Demissew e Manfred Denich. 2005. Floristic Diversity and Composition of Sheko Forest, Southwest Ethiopia (Diversidade e Composição Florística da Floresta de Sheko, Sudoeste da Etiópia). Ethiopian Journal of Biological Sciences. 6(1): 11-42. Adis Abeba, Etiópia.
Feyera Senbeta. 2006. Biodiversidade e ecologia das florestas tropicais de Afromontane com populações selvagens de Coffea arabica L. na Etiópia. Dissertação de doutoramento, Série Ecologia e Desenvolvimento n.º 38, 2006. Cuvillier Verlag Gottingen.
Fichtl, R. & Admassu Addi. 1994. *Honeybee Flora of Ethiopia*. Margraf Verlage, Alemanha.
Friis, I. 1992. *Florestas e árvores florestais do nordeste da África tropical*. Boletim de Kew, Série Adicional XV, 396 pp.
Garwood N. 1989. Bancos de sementes de solos tropicais. In: M.A. Leck, V.T. Parker, R.L. Simpson.(eds), *Ecology of Soil Seed Banks*. San Diego: Academic Press, pp. 149-363.
Gaston, K. J. 2000. *Global Patterns in biodiversity insight review articles*. Macmillan Magazins. Ltd.
Getachew Tesfaye, Demel Teketay, Masresha Fetene e Erwin. 2011. Crescimento de plântulas e sobrevivência de espécies arbóreas indígenas ao longo de um gradiente de luz numa floresta seca de Afromontane.In: *Forestry: Investigação, Ecologia e Políticas*. Boehm D. A. (Ed). Nova Science Publishers, Inc.
Gleason, H.H. 1926. *Os conceitos individualistas de associação de plantas*. Bull Torrey Botan Club 55:7-56
Gabinete de Educação do Distrito de Goncha Siso Enesie. 2010/11. relatório anual, Amhara, Etiópia.
Gotelli, N. J. e Colwell, E. K. 2001. Quantifying biodiversity: procedures and pitfalls in the measurement and comparison of species richness [Quantificação da biodiversidade: procedimentos e armadilhas na medição e comparação da riqueza de espécies]. *Ecological Letters*, 4: 379-391.
Greig-Smith, P. 1964. *Quantitative Plant Ecology* (2nd ed). Butterworths, Londres.
Greig -smith, P. 1983. *Quantitative Plant Ecology* (3rd ed). Butter worths, Londres.
Groom bridge, B. (ed). 1992. Global Biodiversity Status of the Earth's Living Resources. *Centro Mundial de Monitorização* da Conservação, Chapman and Hall, Londres

Guinko S. & Pasgo L.J. 1992. Colheita e Comercialização de Produtos Comestíveis de Espécies Lenhosas Locais em Zitenga, Burkina Faso. In: *Arid Zone Forestry*, Unasylva, FAO 168 an International Journal of forestry and forest industries vol.43, 1992/1, ISSN 00416436.
Haile Adamu. 2009. *Estudo ecológico da vegetação florestal na zona de Metema*, Estado Regional Nacional de Amhara, Noroeste da Etiópia.
Haileab Zegeye, Demel Teketay e Ensermu Kelbessa. 2005. Diversidade, estado de regeneração e importância socioeconómica da vegetação nas ilhas do Lago Ziway, no centro-sul da Etiópia. *Flora* 201: 483-498.
Harlan, J. R. 1969. Ethiopia : Um centro de diversidade. *Botânica Económica.* **23** (4), pp 309-314. Springer Nova Iorque.
Hedberg, O. 1964. Caraterísticas da Ecologia das plantas Afroalpinas. Ata Phytogeogeer. Sue. 49: 1- 144.Holsinger, K. E. (2003-2009). Diversity, stability, and ecosystem function. http://creativecommons.Org/licenses/by-nc-sa/3.0/us/ acedido em março de 2012.
Hedberg, I. & S. Edwards (eds). 1989. *Flora of Ethiopia*. Volume 3. Herbário Nacional, Addis Abeba e Universidade de Uppsala, Uppsala.
Hedberg, I., e Edwards, S. (eds). 1995. *Flora of Ethiopia and Eritrea*. Vol. 7. *Poaceae (Graminae)*. Universidade de Addis Ababa, Addis Ababa e Universidade de Uppsala, Uppsala. 420 p.
Hedberg, I., Edwards, S. e S. Nemomissa (eds). 2003. *Flora of Ethiopia and Eritrea*. Vol 4, Parte 1. *Apiaceae a Dipsaceae*. Universidade de Addis Ababa e Universidade de Uppsala, Uppsala. 352 p.
Hingabu Hordofa. 2011. *Diversidade de espécies de plantas lenhosas das florestas de Debrelibanos e seu significado para os habitantes da cidade de Debrelibanos*, Zona Norte de Show, Estado Regional de Oromia, Etiópia.
Holsinger, K. E. 2003-2009. Diversidade, estabilidade e função do ecossistema. http://creativecommons.org/licenses/by-nc-sa/3.0/us/. Data de acesso: 02 de janeiro de 2012.
Huntley, B.J. 1982. As savanas da África Austral. In: *Ecology of Tropical Savannas* (eds. B. J. Huntley e B. H. Walker). Springer-Verlag, Berlim.
Hulbert, S.H. 1978. O Não-Conceito de Diversidade de espécies: A critique and Alternative Parameters. *Ecology* 52:577-586.
Hurni, H. 1988. *Diretrizes para agentes de desenvolvimento sobre a conservação do solo na Etiópia*. CFSCDD, MOA, Adis Abeba, Etiópia.
IBC (Instituto de Conservação da Biodiversidade). 2005. Estratégia nacional de biodiversidade e plano de ação, Adis Abeba, Etiópia.
IBC (Instituto de Conservação da Biodiversidade). 2008. *Avaliação da* Biodiversidade e das Florestas Tropicais da Etiópia 118/119 *para revisão pela Agência dos Estados Unidos para o Desenvolvimento Internacional,* EUA.
IBC (Instituto de Conservação da Biodiversidade). 2011. Mecanismo de intercâmbio da CDB de Adis Abeba, Etiópia.
IPGRI (Instituto Internacional de Recursos Genéticos Vegetais). 1993 *Diversidade para o desenvolvimento*. The strategy of the international plant Genetic resource institute, Roma.
IUCN (Conservação Universal Internacional da Natureza). 2010. *Um Guia de Boas Práticas para* a Gestão Sustentável das Florestas, Biodiversidade e Meios de Subsistência.
Jose, D. e Shanmugaratnam N. 1994. Traditional homegardens of Kerala: a sustainable human ecosystem. *Agroforestry Systems* 24: 203-213.
Karmann, M. e Lorbach, I., 1996. Utilização de Produtos Arbóreos Não-Madeireiros em Áreas de Terras Secas: Exemplos da África Austral e Oriental. In: *Domestication and Commercialization of Non-Timber Forest Products in Agroforestry Systems*. Produtos Florestais Não Madeireiros 9. Organização das Nações Unidas para a Alimentação e a Agricultura, Roma.
Kent, M. e Coker, P. 1992. *Descrição e análise da vegetação*: A practical approach. Belhaven Press, Londres.
Kershaw, K.A. 1973. *Ecologia Vegetal Quantitativa e Dinâmica*. (2ª ed.). Edward Arnold Publishers LTD. Londres.
Kindeya Gebrehiwot. 2003. *Ecologia e Regeneração de Boswellia papyrifera, Floresta Seca de Tigray, Eiopa do Norte*. Dissertação de doutoramento, Universidade Georg-August de Gottingem, Alemanha.
Kitessa Hundera e Tsegaye Gadissa. 2008. Composição e estrutura da vegetação da floresta de

Belete, Zona de Jimma, Sudoeste da Etiópia. *Ethiopian Journal of Biological Science* 7(1): 1-15.
Koziell, I. 2001. *Diversity not Adversity*: Sustaining Livelihoods with Biodiversity. Biodiversity and Livelihoods Group, IIED. Departamento para o Desenvolvimento Internacional (DFID).
Krebs CJ. 1989. *Ecological Methodology*. Nova Iorque: Harper Collins Publishers.
Krebs, C. J. 1999. *Ecological Methodology* (2ª ed). Addison Wesley Longman, inc. Menlo Park, Califórnia. 454 p.
Kuffer, N. e Senn-irlet, B. 2004. Infleunce of forest management on the species richness and composition of wood-inhabiting basidiomycetes in Swiss forests. *Biodiversity and Conservation* 14:2419-2435.
Lamprecht H. 1989. *Silvi-culture in the tropics: tropical forest ecosystems and their tree species-possibilities and methods for their Long-term utilization.* Eschborn, República Federal da Alemanha.
Leon Bennun, Glyn Davies, Kim Howell, Helen Newing, Matthew Linkie. 2004. *African Forest Biodiversity*: Um Manual de Levantamento de Campo para Vertebrados
Lieberman, D., Lieberman, M., Peralta, R. e Hartshorn, G. S.1996. Estrutura e composição da floresta tropical num gradiente altitudinal de grande escala na Costa Rica. Journal of Ecology. 84: 137-152.
Lovett, J. C., Clarke, G. P., Moore, R. e Morrey, G. H. 2001. Elevational distribution of restricted range forest tree taxa in eastern Tanzania. Biodiversity Conservation. 10: 541-550.
Magurran, A. E. 1988. *Ecological diversity and its measurement*. Chapman and Hall, Londres.
Magurran, A.E. 2004. *Measuring Ecological Diversity*. Blackwell Science Ltd., Malden.
Marla, R.E. e Rebecca, J. M. 2001. *Produtos Florestais Não Madeireiros*. Medicinal herbs, Fungi, Edible Fruits & Nuts and other Natural products from the forest, food product press, London, Oxford.
Martin, G.J. 1995. *Ethnobotany: A Methods Manual*. Chapman and Hall. Londres, Reino Unido, pp 268.
MEA (Avaliação do Ecossistema do Milénio). 2005. *Ecosystems and Human Well-Being: Policy Responses*. Volume 3, Cap. 8. Island Press, Washington, DC.
Mekuria Argaw, Demel Teketay, e Olsson, M., 1999. Flora de sementes do solo, germinação e padrão de regeneração de espécies lenhosas na floresta de *acácia* do Vale do Rift na Etiópia. *Journal of Arid Environment*, Vol. 43; pp 411-435.
Melaku Bekele. 2003. *Forest property rights, the role of the state, and institutional exigency: the Ethiopian experience*. Tese de doutoramento. Universidade Sueca de Ciências Agrícolas
Mobberley, D. J. 1988. O passado vivo: *O estado temporal da floresta tropical húmida*. In: forests, Climate, and Hydrology: Regional Impacts.
Mueller-Dombois, D. e Ellenberg, H. 1974. *Aims and Methods of Vegetation Ecology*. John Wiley and Sons Inc. U.S.A.
Mulat Demeke, Fantu Guta, Tadele Ferede. 2006. Desenvolvimento Agrícola e Segurança Alimentar na África Subsariana (SSA). Construindo um caso para mais apoio público. O caso da Etiópia. Documento de trabalho n.º 02. Preparado para a unidade de assistência política do escritório sub-regional da FAO para a África Oriental e Austral, Roma.
Mulugeta Lemenih e Demel Teketay, 2004. *Recursos Naturais de Goma e Resina: Opportunity to Integrate Production with Conservation of Biodiversity*, Control of Desertification and Adapt to Climate Change in the Drylands of Ethiopia. Documento apresentado no Primeiro Workshop Nacional sobre Conservação de Recursos Genéticos de Produtos Florestais Não Madeireiros (NTFPs) na Etiópia, 5-6 de abril de 2004. Addis Abeba.
Mwendera EJ, Mohamed Saleem MA. 1997. Infiltração, escoamento superficial e perda de solo influenciados pela pressão de pastoreio nas terras altas da Etiópia. *Soil Use and Management Vol* 13. No: pp35-54.
Newton, A. C. 2007. *Ecologia e conservação das florestas*. A Handbook of Techniques. Oxford University Press, Nova Iorque. pp 113.
Oasting, H. J. 1956. *The study of Plant Communities*. W. H. Freeman and Company, São Francisco.
Odum, E.E. 1971. *Fundamental of Ecology* (3rd ed.).W.B Saunders Company, Philadelphia, London.
Oyebande, L. 1988. *Efeitos da floresta tropical na produção de água*. In: forests, Climate, and

Hydrology: Regional Impacts.
Pande, P.K., A.P.S. Bisht e S.C. Sharma. 1988. Análise comparativa da vegetação de alguns ecossistemas de plantação. Indian Forester 114: 379-389.
Parrotta, J. A. 2000. Catalisando a restauração de florestas naturais em paisagens tropicais degradadas. Pages 45-54 in S. Elliot, J. Kerby, D. Blakesley, K. Hardwick, K. Woods, and V. Anusarnsun thorn, editors. Forest restoration for wildlife conservation. Organização Internacional de Madeiras Tropicais e Unidade de Investigação de Restauro Florestal, Universidade de Chiang Mai, Chiang Mai, Tailândia
Peters, C. M. 1996. The Ecology and Management of Non-Timber Forest Recourses. Documento Técnico 322 do Banco Mundial, ISBN 0-8213-3619-3, Washington.
Pielou, E. C. 1975. *Ecological diversity*. John Wiley and Sons, INC, 165.
Pohjonen, V. e Pukkala, T. 1990. *Eucalyptus globulus* in Ethiopian forestry. Forest Ecology and Management 36: 19-31.
Polunin, N. 1960. Introduction to Plant Geography and Some Related Sciences. Longmans Publisher, Nova Iorque.
Ramensky, L.G. 1924. Die Grundgesetzmassigkeiten imanfbau der vegetation deck. Botan.centralb, N.F, 7: 453-455.
Reusing, M. 1998. Monitorização das florestas naturais de altitude na Etiópia. Ministério da Agricultura e GTZ, Adis Abeba.
Reynolds, E.R.C e Thompson F.B. 1988. *Introdução. In: forests, Climate, and Hydrology*: Regional Impacts. CD ROM da Biblioteca do Desenvolvimento da Humanidade.
Riley, D. e Young, A.1966. World Vegetation. Cambridge University Press, Cambridge.
Rosenzweig, H.C. 1995. Species Diversity in Space and Time. Cambridge University Press.
Sawyer, J. 1992. *Plantation in the tropics: environmental concerns*. IUCN/ UNEP/ WWF, Gland, Suíça & Cambridge, Reino Unido, pp 45-46.
SCBD. 2008. Órgão Subsidiário de Aconselhamento Científico, Técnico e Tecnológico (13/3). Análise aprofundada do programa de trabalho alargado para a diversidade biológica florestal.
Schlorder ,C.A. 1999. *Investigação dos factores determinantes da distribuição da vegetação da savana africana: Um estudo de caso da Bacia do Baixo Omo, Etiópia*. Universidade Estadual de Utah. Logan, Utah.
Schmidt, W. 2005. Espécies do estrato herbáceo como indicadores da biodiversidade de florestas de faias geridas e não geridas. *Forest Snow and Landscape Research* 79, 1/2: 111-125.
Shackelton, C. M. 2000. Comparação da Diversidade Vegetal em Terras Protegidas e Comunais em Bushbuck ridge Lower Savana, África do Sul. Biological Conservation 94: 273 - 285.
Shah, A. 2009. Biodiversidade /online/. Disponível em: http://www.globalissues.org/issue /169/ biodiversity. Data de acesso: 02 de janeiro de 2012.
Shimwell, D.W. 1984. *The Description and Classification of Vegetation*. Sidgwilk and Jackson, Londres.
Siiriainen, A. 1996. O homem e a floresta na história de África. In: Palo, M. e Mery, G. (eds.). Sustainable forestry challenges for developing countries. Kluwer Academic Publishers, Dordrecht, pp. 311-326.
Silvertown JW, Doust JL. 1993. Introduction to Plant Population Biology. Oxford, Reino Unido: Blackwell Science,
Simon Shibru e Girma Balcha. 2004. Composição, estrutura e estado de regeneração de espécies de plantas lenhosas na floresta natural de Dindin, sudeste da Etiópia: An Implication for conservation. *Ethiopian Journal of science*, 2(1): 31-48. Addis Abeba.
Smith, T. e Huston, M. 1989. A theory of spatial and temporal dynamics of plant communities. Reino Unido, pp. 1-12.
Solomon Melaku. 2012, *Diversidade de Espécies de Plantas Lenhosas, Estrutura, Estado de Regeneração e Aspectos Socioeconómicos da* Floresta Estatal de Ambo, Gondar do Sul, Etiópia.
Swamy, P. S. 2000. Diversidade de espécies vegetais e estrutura da população de árvores de uma floresta tropical húmida em Tamil Nadu, Índia. *Biodiversity and conservation*.9, 1643-1669.
Tadesse Woldemariam, Demel Teketay, Edwards, S. e Olsosson, M. 2000. Diversidade de plantas lenhosas e de espécies de aves numa floresta seca de Afromontane no planalto central da Etiópia: Biological Indicators for conservation. *Ethiopian Journal of Natural Resources* 2(2): 255-293.

Tadesse Woldemariam e Demel Teketay. 2001. Os ecossistemas cafeeiros florestais: crise atual, problemas e oportunidades para a conservação dos genes e a utilização sustentável. In: Imperative problems associated with forestry in Ethiopia. *Sociedade Biológica da Etiópia*, pp. 131-142.
Tamrat Bekele. 1993. *Vegetation ecology of remnant afromontane forests on the Central lateau of Shewa, Ethiopia.* Ata Phytogeographica Suecica 79, Opulus Press AB, Uppsala, Suécia.
Tamrat Bekele. 1994a. *Phytosociology and Ecology of a Humid Afromontance Forest on the Central Plateau of Ethiopa.* J. Veg Sciencei. 5 (1)..
Tamrat Bekele. 1994b. *Studies on Remnat Afromontane Forests on the Central Plateau of Shewa, Ethiopia (Estudos sobre Florestas Afromontanas Remanescentes no Planalto Central de Shewa, Etiópia).* Dissertação de Doutoramento na Universidade de Uppsala, Uppsala.
Tamire Bekele. 1997. *Desertificação nas Terras Altas da Etiópia. Relatório RALA No. 200.* Ajuda da Igreja Norueguesa, Addis Abeba, Etiópia. 162 pp
Tatek Dejene. 2008. *Avaliação económica de usos alternativos do solo na área florestal dominada por Boswellia Papyrifera de Metema, Gondar do Norte, Etiópia.* Tese de Mestrado. Universidade de Hawassa, Faculdade de Silvicultura e Recursos Naturais Wondo Genet, Hawassa, Etiópia.
Tefera Mengistu, Demel Teketay, Hulten H. e Yonas . 2005. The Role of Enclosures in the Recovery of Woody Vegetation in Degraded Dryland Hillsides of Central and Northern Ethiopia. *Journal of Arid Environments*, Vol. 60; pp 259-281.
Tesema Tanto e Abebe Demissie. 2006. *A Comparative Genetic Diversity Study for four major crops managed under Ethiopia condition.* Instituto de Conservação e Investigação da Biodiversidade. Addis Ababa, Etiópia.
Teshome Soromessa, Demel Teketay e Sebsebe demissew. 2004. Estudo ecológico da vegetação na zona de Gamo Gofa, sul da Etiópia. *Tropical Ecology* 45(2): 209-221.
Toomey, J. W. 1947. *Foundation of Silviculture upon an Ecological Basis*. Segunda edição. Jhon e Wiley, Nova Iorque.
Tuomisto, H., Roukolainen, K. e Yli-Halla, M. 2003. Dispersão, ambiente e variação florística das florestas da Amazónia Ocidental. Sci. 299: 241-244.
Turner, I.M. e Corlett, R.T. 1996. The conservation value of small, isolated fragments of lowland tropical rainforest. *Trends in Ecology and Evolution* 11: 330-333.
Urban, D.L., Miller, C., Halpin, P.N. e Stephenson, N. L. 2000. Resposta do gradiente florestal em paisagens serranas: o modelo físico. *Landscape Ecology*.15: 603-620.
Uriarte, M., Canham, C. D., Thompson, J., Zimmerman, J. K. e Brokaw, N. 2005b. Seedling recruitment in a hurricane-driven tropical forest: light limitation, densitydependence and the spatial distribution of parent trees. *Journal of Ecology* 93, 291-304.
USAID (2008). Avaliação da Biodiversidade e das Florestas Tropicais da Etiópia. USAID. Van Andel, T.R. (2003). A distância das medidas na amostragem fisiológica. *Ecologia* 47:451-460.
Vavilov, N.I. 1951. Base fitogeográfica do melhoramento de plantas. In: A origem, variação, imunidade e melhoramento de plantas cultivadas. Chron. Bot. 13: 13-54.
Vivero, J.L. 2002. Forest is Not Only Wood: The Importance of Non-Wood Forest Products for The Food Security of Rural Households in Ethiopia (A Floresta Não é Só Madeira: A Importância dos Produtos Florestais Não Madeireiros para a Segurança Alimentar das Famílias Rurais na Etiópia). In: *Forests and Environment.* (Ed. Demel Teketay e Yonas Yemshaw). Actas da quarta Conferência Anual. Sociedade Florestal da Etiópia, 14-15 de janeiro de 2002, Adis Abeba.Pp.16-31.
WAO (Gabinete Agrícola de Woreda). 2011/12. Boletim estatístico económico e financeiro da Woreda Goncha Siso Enesie (2010/11),
WCMC. 1991. Centro Mundial de Monitorização da Conservação. *Global Biodiversity: status of the earth living Resources*. Chapman and Hall, Londres.
WCMC. 1992. Centro Mundial de Monitorização da Conservação. *Global Biodiversity: status of the earth living Resourses*. Chapmanand Hall, Londres, Reino Unido.585PP.
WEO (Gabinete de Educação de Woreda), 2010/11. *Relatório anual* do Gabinete de Educação da Woreda Goncha Siso Enesie.
Whitaker,R.H. 1972. *Análise de gradiente de vegetação*.Bot.Rev.86:795-802.
Wilsey, B.J., Chalcraft, D.R., Bowles, C.M. e Willig, M.R., 2005. Relationships Among Indices Suggest that Richness is an Incomplete Surrogate for Grassland Biodiversity (Relações entre

Índices Sugerem que a Riqueza é um Substituto Incompleto para a Biodiversidade das Pastagens). *Ecology*, 86(5), 1178-1184.
Wilsey, B.J., e Stirling, G. 2007. A riqueza e a uniformidade das espécies respondem de forma diferente à densidade de propágulos em comunidades de microcosmos de pradarias em desenvolvimento. *Plant Ecology*, 190:259-273.
Banco Mundial. 2003. *Relatório sobre o Desenvolvimento Mundial* 2003: Desenvolvimento sustentável num mundo dinâmico: Transformar as instituições, o crescimento e a qualidade de vida. Banco Mundial: Washington DC.
Banco Mundial. 2004. *Sustaining Forests: A Development Strategy*. Washington, D.C. Banco Mundial.
WRI -IUCN-UNEP. 1992. *Estratégia Global para a Biodiversidade. Decisores políticos*. Instituto dos Recursos Mundiais. (WRI). União Mundial para a Natureza (UICN), Programa das Nações Unidas para o Ambiente (PNUA) em consulta com a Organização das Nações Unidas para a Alimentação e a Agricultura (FAO) e a Organização das Nações Unidas para a Educação, a Ciência e a Cultura (UNESCO).
Zemede Asfaw. 1997. *Culturas alimentares e plantas úteis indígenas africanas*. Levantamento de culturas alimentares, suas preparações e hortas caseiras na Etiópia. UNU/ UNRA No B6, ICLPE. Science Press, Nairobi, pp 65.
Zemede Asfaw e Mesfin Tadesse. 2001. Prospects for sustainable use and Development of Wild food Plants in Ethiopia (Perspectivas de utilização sustentável e desenvolvimento de plantas alimentares selvagens na Etiópia). *Ecologia*. Bot. 55:47-62.
Zerihun Woldu. 1980. *An Ecological Study of the Montane Grassland Vegetation in Wolmera Woreda, Ethiopia*. Uma tese de mestrado, Universidade de Adis Abeba.
Zerihun Woldu. 1985. *Variation in Grassland vegetation on the Central Plateau of Shewa, Ethiopia, in Relation to Edaphic Factors and Grazing Conditions*. Tese de doutoramento, impressa na Alemanha por Strauss and Cramer GmbH, 6945 Hirschberg 2, Alemanha.
Zerihun Woldu. 1999. *As florestas nos tipos de vegetação da Etiópia e o seu estatuto no contexto geográfico*. In: Edwards, S., Abebe Demissie Taye Bekele & Haase, G. (Eds.) Forest Genetic Resources Conservation; Principles, Strategies and Actions. IBCR e GTZ. Addis Ababa.
Zewge Teklehaimanot. 2004. *Conservação da biodiversidade de* pátios *de igrejas e mosteiros antigos* na Etiópia.

APÊNDICES

Lista das espécies vegetais com o seu nome botânico, família, nome local e hábito (H = hábito/forma de vida, T = árvore, S = arbusto, H = erva, T/S = árvore/arbusto, C = trepadeira)

Não	Nome botânico	Família	Inglês	amárico	H
1	*Acacia abyssinica subsp. Abyssinica*	Fabáceas	Bazra girar	ባዝራ ግራር	T
2	*Acacia lahai steudHochst.Ex Benth*	Fabáceas	tikur girar	ጥቁር ግራር	T
3	*Acacia nilotica (L.) Willd. ex Delile*	Fabáceas	cheba girar	ጨባ ግራር	T
4	*Acácia-senegalesa*	Fabáceas	wacha girar	ዋጫ ግራር	T
5	*Acalypha fruticosa forssk*	Euphorbiaceae	Checho	ጨጮ	S
6	*Acokanthera schimperi (A.Dc) schweinf*	Apocináceas	Merenz	ምሬዝ	T/S
7	*Agave sisalina*	Astrácia	Chiret	ጭረት	T/S
8	*Albizia gummifera*	Fabáceas	Sesa	ሰሳ	T
9	*Albizia lophantha*	Fabáceas	Shiferea	ሽፈሬ	T
10	*Allophylus abyssinicus (Hochst.) Radlk.*	Sapindáceas	Embse	እምብስ	T
11	*Allophylus rubiflorus (A. Rich)* ***Engl***	Sapindáceas	Nechechilea	ነጨጭሌ	S
12	*Aloé vera (A. barbadensis)*	Aloeaceae	Eret	እሬት	S
13	*Amionguria altussima*	Sapotáceas	Kerero	ቀረሮ	T
14	*Bersema abyssinica subsp. Abyssinica*	Melianthaceae	Azamir	አዛምር	T/S
15	*Buddleja polystachya fresen*	Loganiaceae	Anfar	አንፍር	T/S
16	*Calpurnia aurea (Ait.) Benth.*	Fabáceas	Digta	ድግጣ	T/S
17	*Capparis tomentosa lam.*	Capparidaceae	Gumero	ግመሮ	T/S
18	*Carissa edulis (forssek.) vahl*	Apocináceas	Agam	አጋም	T/S
19	*Cassipourea malosana (Bak.) Alston*	Rhizophoraceae	Qeret	ቀረጥ	S
20	*Celtis africana Burm. f.*	Ulmáceas	Kawot	ቃዎት	T
21	*Cissus populnea Guill. &per.*	Vitaceae	azo haregi	አዞ ሃረግ	C
22	*Citrus sinesis*	Rutáceas	Birrtukan	ብርቱካን	T
23	*Clausena anisata Rutaceae*	Ranunculáceas	Limichi	ልምጭ	T/S
24	*Café Arábica*	Rubiáceas	Buna	ቡና	T/S
25	*Combertum molle R.Br.ex G.Don*	Combretáceas	Abalo	አባሎ	T
26	*Cordia africana Lam.*	Boragináceas	Wanza	ዋንዛ	T
27	*Crassocephalum sarcobasis (Dc) S.Moore*	Asteraceae	Misrch	ምስርች	T
28	*Croton macrostachyus Del.Hochest.ez Del*	Euphorbiaceae	Bisana	ብሳና	T
29	*Dodonaea viscosa L. f*	Sapindáceas	Kitkita	ከትክታ	T/S
30	*Dombeya quinqueseta (Del.) Exell.*	Sterculiaceae	Wulkefa	ውልከፋ	T
31	*Dracaena steudneri*	Agaváceas	Lankuso	ላንቁሶ	T
32	*Ekebergia capensis (E. rueppeliana)*	Meliáceas	Lol	ሎል	T
33	*Entada abyssinica Steud.exA.Rich.*	Fabáceas	Kontir	ቆንጥር	T
34	*Erica arborea*	Ericaceae	Asta	አስታ	T
35	*Eucalyptus camaldulensis Dehnh*	Myrtaceae	chave b/ zaf	ቀይ ባህርዛፍ	T
36	*Glóbulos de eucalipto*	Myrtaceae	neci b/ zaf	ነጭ ባህርዛፍ	T

No.	Scientific name	Family	Local name	Amharic name	Habit
37	*Euclea racemosa (subsp. schimperi)*	Ebenáceas	Dediho	ደዲሆ	T/S
38	*Euphorbia candelabrum*	Euphorbiaceae	Kulqual	ቁልቋል	T/S
39	*Euphorbia tirucalli*	Euphorbiaceae	Kinchib	ቅንጭብ	T/S
40	*Ficus sur Forssk*	Morácea	Cardume	ሾላ	T
41	*Ficus thonningi Blume*	Morácea	Chibcha	ችብሃ	T/S
42	*Ficus vasta Forssk.*	Morácea	Warka	ወርካ	T
43	*Grewia ferruginea Hochst. ex A. Rich*	Tiliaceae	Lenkoata	ለንቆጣ	T/S
44	*Jasminum abyssinicum (Hochst.ex Dc.)*	Oleáceas	Tembellel	ጠንበለል	C
45	*Juniperus procera Endl.*	Cupressaceae	yehabesh tid	የተፈጥሮ ፅድ	T
46	*Maytenus arbutifolia*	Celastraceae	Atat	አጣጥ	S
47	*Mimusops kummel A. DC.*	Sapotáceas	Shiye	እሽ/ሽዬ	T
48	*Myrica salicifolia*	Myricaceae	Shinet	ሽነት	T
49	*Myrsine africana L.*	Myrsinaceae	Kechemo	ቀጨሞ	T/S
50	*Olea europaea subsp. Cuspidata*	Oleáceas	Woyra	ወይራ	T/S
51	*Olinia rochetiana*	Oliniaceae	Tifea	ጥፊ	T
52	*Otostegia integrifolia Benth.*	Lamiaceae	Tunjit	ጡንጅት	S
53	*Phytolacca dodecandra*	Phytolacaceae	Indod	እንዶድ	C
54	*Pittosporium viridiflorum Sims*	Pittosporaceae	dingay seber	ደንጋይ ሰበር	T
55	*Podocarpus falcatus (Thunb.) Mirb.*	Podocarpaceae	Zigba	ዝግባ	T
56	*Prunus africanus (Pygeum africanum)*	Rosáceas	Tikur enchet	ጥቁርእንጨት	T
57	*Psydrax schimperiana Subsp.schimperiana*	Rubiáceas	Seged	ሰገድ	T
58	*Pterolobium stellatum (Forssk.)*	Fabáceas	Kentafa	ቀንጣፋ	S
59	*Rhamnus prinoides*	Rhamnaceae	Gasho	ጌሾ	T/S
60	*Rhus glutinosa Hochst. ex. A. Rich*	Anacardiaceae	Tatisa	ጣጢሳ	T/S
61	*Rhus retinorrhoea*	Anacardiaceae	Tilem	ትለም	T
62	*Rhus vulgaris*	Anacardiaceae	Ashikamo	አሽቃሞ	T/S
63	*Rosa abyssinica*	Rosácea	Kega	ቀጋ	T/S
64	*Schefflera abyssinica*	Araliaceae	Gitem	ገተም	T
65	*Sideroxylon oxyacantha Baill.*	Sapotáceas	Dabiza	ዳብዛ	T/S
66	*Stereospermum kunthianum cham*	Bignoniaceae	Zana	ዛና	T/S
67	*Trilepisium madagascariense*	Morácea	Chia	ጨየ	T
68	*Vernonia amygdalina Del.*	Asteraceae	Girawa	ግራዋ	T/S
69	*Ximenia americana L.*	Oleáceas	Inquay	እንካይ	T/S

Índice de diversidade de Shannon-Wiener (H) e valores médios de equidade
T.M= Total Maduro, T.S= Total Plântula, T.Se= Total Plântula, pi= proporção de indivíduos

Não	Nome da espécie	T.M	T.S	T,Se	Tot	Pi	Lnpi	pilnpi
1	*Acacia abyssinica subsp. Abyssinica*	159	209	129	497	0.057	-2.862	-0.163
2	*Acacia lahai steudHochst.Ex Benth*	16	14	9	39	0.004	-5.407	-0.024
3	*Acacia nilotica (L.) Willd. ex Delile*	2	0	0	2	0.0002	-8.377	-0.002
4	*Acácia-senegalesa*	9	0	3	12	0.0014	-6.586	-0.009
5	*Acalypha fruticosa forssk*	24	26	8	58	0.007	-5.01	-0.033
6	*Acokanthera schimperi (A.Dc) schweinf*	4	4	7	15	0.002	-6.362	-0.011
7	*Agave sisalina*	18	32	47	97	0.011	-4.496	-0.05
8	*Albizia gummifera*	176	171	72	419	0.048	-3.033	-0.146
9	*Albizia lophantha*	2	0	0	2	0	-8.377	-0.002
10	*Allophylus abyssinicus (Hochst.) Radlk.*	106	174	99	379	0.043	-3.133	-0.136
11	*Allophylus rubiflorus (A. Rich)* ***Engl***	3	12	22	37	0.004	-5.459	-0.023
12	*Aloé vera (A. barbadensis)*	1	7	25	33	0.004	-5.574	-0.021
13	*Amionguria altussima*	3	0	0	3	0.0003	-7.972	-0.003
14	*Bersema abyssinica subsp. Abyssinica*	41	139	143	323	0.037	-3.293	-0.122
15	*Buddleja polystachya fresen*	22	62	30	114	0.013	-4.334	-0.057

16	*Calpurnia aurea (Ait.) Benth.*	155	257	254	666	0.076	-2.569	-0.196
17	*Capparis tomentosa lam.*	21	13	30	64	0.007	-4.912	-0.036
18	*Carissa edulis (forssek.) vahl*	524	449	386	1359	0.156	-1.856	-0.29
19	*Cassipourea malosana (Bak.) Alston*	10	94	69	173	0.02	-3.917	-0.077
20	*Celtis africana Burm. f.*	22	14	26	62	0.01	-4.943	-0.035
21	*Cissus populnea Guill. &per.*	10	2	8	20	0.0023	-6.075	-0.014
22	*Citrus sinesis*	7	0	0	7	0.001	-7.125	-0.006
23	*Clausena anisata Rutaceae*	2	27	15	44	0.005	-5.286	-0.026
24	*Café Arábica*	3	3	6	12	0.001	-6.585	-0.009
25	*Combertum molle R.Br.ex G.Don*	9	4	8	21	0.002	-6.026	-0.014
26	*Cordia africana Lam.*	3	0	0	3	0.0003	-7.972	-0.003
27	*Crassocephalum sarcobasis (Dc) SMoore*	2	0	0	2	0.0002	-8.377	-0.001
28	*Croton macrostachyus Del.Hochest.*	225	248	157	630	0.072	-2.625	-0.19
29	*Dodonaea viscosa L. f*	27	66	84	177	0.02	-3.894	-0.079
30	*Dombeya quinqueseta (Del.) Exell.*	10	5	23	38	0.004	-5.433	-0.024
31	*Dracaena steudneri*	31	26	19	76	0.008	-4.74	-0.041

32	*Ekebergia capensis (E. rueppeliana)*	24	8	2	34	0.004	-5.544	-0.022
33	*Entada abyssinica Steud.exA.Rich.*	6	2	5	13	0.001	-6.505	-0.009
34	*Erica arborea*	2	0	0	2	0.0002	-8.377	-0.002
35	*Eucalyptus camaldulensis Dehnh*	6	0	0	6	0.001	-7.279	-0.005
36	*Glóbulos de eucalipto*	2	3	15	20	0.002	-6.075	-0.013
37	*Euclea racemosa subsp. schimperi*	50	17	32	99	0.012	-4.475	-0.051
38	*Euphorbia candelabrum*	7	7	6	20	0.002	-6.075	-0.014
39	*Euphorbia tirucalli*	3	16	8	27	0.003	-5.775	-0.017
40	*Ficus sur Forssk*	13	5	8	26	0.003	-5.812	-0.017
41	*Ficus thonningi Blume*	1	3	0	4	0.0005	-7.684	-0.003
42	*Ficus vasta Forssk.*	2	2	0	4	0.0004	-7.684	-0.003
43	*Grewia ferruginea Hochst. ex A. Rich*	3	7	0	10	0.001	-6.768	-0.008
44	*Jasminum abyssinicum (Hochst.ex Dc.)*	5	0	1	6	0.001	-7.279	-0.005
45	*Juniperus procera Endl.*	43	13	16	72	0.01	-4.794	-0.039
46	*Maytenus arbutifolia*	259	308	363	930	0.11	-2.235	-0.239
47	*Mimusops kummel A. DC.*	6	1	0	7	0.001	-7.125	-0.006

48	*Myrica salicifolia*	2	11	3	16	0.001	-6.298	-0.012
49	*Myrsine africana L.*	7	72	35	114	0.013	-4.334	-0.056
50	*Olea europaea subsp. Cuspidata*	81	92	37	210	0.024	-3.723	-0.089
51	*Olinia rochetiana*	15	8	13	36	0.004	-5.487	-0.022
52	*Otostegia integrifolia Benth.*	32	144	173	349	0.04	-3.215	-0.129
53	*Phytolacca dodecandra*	3	3	0	6	0.001	-7.279	-0.005
54	*Pittosporium viridiflorum Sims*	2	40	47	89	0.01	-4.582	-0.046
55	*Podocarpus falcatus (Thunb.) Mirb.*	7	8	16	31	0.004	-5.636	-0.021
56	*Prunus africanus (Pygeum africanum)*	46	46	44	136	0.015	-4.158	-0.065
57	*Psydrax schimperiana (Subsp.schimperiana).*	4	4	10	18	0.002	-6.18	-0.013
58	*Pterolobium stellatum (Forssk.)*	11	10	10	31	0.003	-5.636	-0.02
59	*Rhamnus prinoides*	6	27	76	109	0.012	-4.379	-0.055
60	*Rhus glutinosa Hochst. ex. A. Rich*	2	0	4	6	0.001	-7.279	-0.005
61	*Rhus retinorrhoea*	40	71	59	170	0.02	-3.935	-0.076
62	*Rhus vulgaris*	42	119	108	269	0.031	-3.476	-0.107
63	*Rosa abyssinica*	55	119	121	295	0.034	-3.383	-0.114

64	*Schefflera abyssinica*	3	4	10	17	0.002	-6.237	-0.012
65	*Sideroxylon oxyacantha Baill.*	2	5	2	9	0.001	-6.873	-0.007
66	*Stereospermum kunthianum cham*	6	16	11	33	0.004	-5.574	-0.021
67	*Trilepisium madagascariense*	10	3	6	19	0.002	-6.126	-0.013
68	*Vernonia amygdalina Del.*	13	15	29	57	0.006	-5.027	-0.032
69	*Ximenia americana L.*	6	7	1	14	0.002	-6.431	-0.01
G .Total		2474	3274	2950	8698	1.000	-377.3	-3.242

Densidade, Densidade Relativa, Densidade/ha de espécies lenhosas na floresta natural de Woynwuha. (AD = densidade absoluta, RD = densidade relativa (%), D/ha = densidade/ha)

Não	Nome específico	especificação	AD	RD (%)	D/ha
1	*Carissa edulis (forssek.) vahl*	Agam	1359	15.624	434.88
2	*Maytenus arbutifolia*	Atati	930	10.692	297.6
3	*Calpurnia aurea (Ait.) Benth.*	Digita	666	7.657	213.12
4	*Croton macrostachyus Del.Hochest.ez Del*	bisana	630	7.243	201.6
5	*Acacia abyssinica subsp. Abyssinica*	bazira giear	497	5.714	159.04
6	*Mimusops kummel A. DC.*	Olho	419	4.817	134.08
7	*Allophylus abyssinicus (Hochst.) Radlk.*	embus	379	4.357	121.28
8	*Otostegia integrifolia Benth.*	Tunjit	349	4.012	111.68

9	*Bersema abyssinica subsp. Abyssinica*	azamira	323	3.713	103.36
10	*Rosa abyssinica*	Kega	295	3.392	94.4
11	*Rhus vulgaris*	ashikamo	269	3.093	86.08
12	*Olea europaea subsp. Cuspidata*	woyra	210	2.414	67.2
13	*Euphorbia candelabrum*	kulqual	177	2.035	56.64
14	*Cassipourea malosana (Bak.) Alston*	Kereti	173	1.989	55.36
15	*Rhus retinorrhoea*	Tilem	170	1.954	54.4
16	*Prunus africanus (Pygeum africanum)*	tikur enchet	136	1.564	43.52
17	*Buddleja polystachya fresen*	Anfar	114	1.311	36.48
18	*Myrsine africana L.*	kechemo	114	1.311	36.48
19	*Rhamnus prinoides*	Gasho	109	1.253	34.88
20	*Euclea racemosa (subsp. Schimperi)*	dediho	99	1.138	31.68
21	*Agave sisalina*	Chiret	97	1.115	31.04
22	*Pittosporium viridiflorum Sims*	dingay seber	89	1.023	28.48
23	*Grewia ferruginea Hochst. ex A. Rich*	lenkuata	76	0.874	24.32
24	*Juniperus procera Endl.*	yehabesha tid	72	0.828	23.04
25	*Capparis tomentosa lam.*	gumero	64	0.736	20.48
26	*Celtis africana Burm. f.*	kawet	62	0.713	19.84

27	*Acalypha fruticosa forssk*	checho	58	0.667	18.56
28	*Vernonia amygdalina Del.*	Obter	57	0.655	18.24
29	*Ekebergia capensis (E. rueppeliana)*	Loli	44	0.506	14.08
30	*Acacia lahai steudHochst.Ex Benth*	tikur girar	39	0.448	12.48
31	*Dombeya quinqueseta (Del.) Exell.*	wulkifa	38	0.437	12.16
32	*Glóbulos de eucalipto*	nechi bahir zaf	37	0.425	11.84
33	*Olinia rochetiana*	Tifea	36	0.414	11.52
34	*Acokanthera schimperi (A.Dc) schweinf*	miragem	34	0.391	10.88
35	*Aloé vera (A. barbadensis)*	Erato	33	0.379	10.56
36	*Stereospermum kunthianum cham*	Zana	33	0.379	10.56
37	*Pterolobium stellatum (Forssk.)*	kentafa	31	0.356	9.92
38	*Podocarpus falcatus (Thunb.) Mirb.*	Zigba	31	0.356	9.92
39	*Entada abyssinica Steud.ex A.Rich.*	kontor	27	0.310	8.64
40	*Ficus sur Forssk*	Cardume	26	0.299	8.32
41	*Combertum molle R.Br.ex G.Don*	Abalo	21	0.241	6.72
42	*Cissus populnea Guill. &per.*	azo hregi	20	0.230	6.4
43	*Dracaena steudneri*	lankuso	20	0.230	6.4

44	*Psydrax schimperiana Subsp.schimperiana*	Seged	20	0.230	6.4
45	*Trilepisium madagascariense*	Akiya	19	0.218	6.08
46	*Albizia gummifera*	Sesa	18	0.207	5.76
47	*Schefflera abyssinica*	girawa	17	0.195	5.44
48	*Myrica salicifolia*	shinet	16	0.184	5.12
49	*Crassocephalum sarcobasis (Dc) S.Moore*	miserichi	15	0.172	4.8
50	*Ximenia americana L.*	cais	14	0.161	4.48
51	*Dodonaea viscosa L. f*	Ktkita	13	0.149	4.16
52	*Café Arábica*	Buna	12	0.138	3.84
53	*Acácia-senegalesa*	wacha girar	12	0.138	3.84
54	*Clausena anisata Rutaceae*	limichi	10	0.115	3.2
55	*Sideroxylon oxyacantha Baill.*	dabiza	9	0.103	2.88
56	*Citrus sinesis*	birtukan	7	0.080	2.24
57	*Albizia lophantha*	xifréia	7	0.080	2.24
58	*Phytolacca dodecandra*	indodi	6	0.069	1.92
59	*Euphorbia tirucalli*	kinchib	6	0.069	1.92
60	*Rhus glutinosa Hochst. ex. A. Rich*	Tatisa	6	0.069	1.92
61	*Jasminum abyssinicum (HochstexDc.)*	tembelel	6	0.069	1.92
62	*Ficus thonningi Blume*	chibeha	4	0.046	1.28

63	*Ficus vasta Forssk.*	werka	4	0.046	1.28
64	*Amionguria altussima*	kerero	3	0.034	0.96
65	*Cordia africana Lam.*	wanza	3	0.034	0.96
66	*Erica arborea*	Asita	2	0.023	0.64
67	*Acacia nilotica (L.) Willd. ex Delile*	cheba girar	2	0.023	0.64
68	*Eucalyptus camaldulensis Dehnh*	key bahir zaf	2	0.023	0.64
69	*Allophylus rubiflorus (A. Rich)* ***Engl***	nececil	2	0.023	0.64
G .Total			8698	100.00	2783.36

Área basal (BA) em m² e área basal relativa (RBA) das espécies lenhosas em ordem decrescente. (BA = Área basal, RBA = Área basal relativa)

Não	Nome específico	Especificação	BA(m)²	Relativo BA
1	*Albizia gummifera*	Sesa	988.07	22.873
2	*Olea europaea subsp. Cuspidata*	Woyra	767.828	17.774
3	*Croton macrostachyus Del.Hochest.ez Del*	Bisana	680.763	15.759
4	*Acacia abyssinica subsp. Abyssinica*	bazira giear	617.904	14.304
5	*Carissa edulis (forssek.) vahl*	Agam	473.352	10.957
6	*Maytenus arbutifolia*	Atati	166.437	3.853
7	*Allophylus abyssinicus (Hochst.) Radlk.*	Embus	163.932	3.795
8	*Juniperus procera Endl.*	yehabesha tid	161.964	3.749
9	*Otostegia integrifolia Benth.*	Tunjit	53.144	1.230

10	*Calpurnia aurea (Ait.) Benth.*	Digita	39.393	0.912
11	*Acacia lahai steudHochst.Ex Benth*	tikur girar	31.464	0.728
12	*Ficus sur Forssk*	Cardume	23.659	0.548
13	*Vernonia amygdalina Del.*	Obter	21.636	0.501
14	*Mimusops kummel A. DC.*	Olho	15.197	0.352
15	*Prunus africanus (Pygeum africanum)*	tikur enchet	13.506	0.313
16	*Celtis africana Burm. f*	kawet	12.378	0.287
17	*Rhus retinorrhoea*	azulejo	10.406	0.241
18	*Podocarpus falcatus (Thunb.) Mirb.*	ziguezague	9.289	0.215
19	*Rhus vulgaris*	ashikamo	9.2688	0.215
20	*Ekebergia capensis (E. rueppeliana)*	loli	7.725	0.179
21	*Euclea racemosa (subsp. Schimperi)*	dediho	7.065	0.164
22	*Rosa abyssinica*	kega	6.475	0.150
23	*Bersema abyssinica subsp. Abyssinica*	azamira	4.762	0.110
24	*Ficus vasta Forssk.*	werka	4.152	0.096
25	*Rhamnus prinoides*	gasóleo	3.187	0.074
26	*Buddleja polystachya fresen*	anfar	2.884	0.067
27	*Myrica salicifolia*	shinet	2.709	0.063
28	*Trilepisium madagascariense*	akiya	2.628	0.061

29	*Olinia rochetiana*	tifea	2.027	0.047
30	*Acalypha fruticosa forssk*	checho	1.808	0.042
31	*Dodonaea viscosa L. f*	ktkita	1.828	0.042
32	*Euphorbia candelabrum*	kulqual	1.78	0.041
33	*Stereospermum kunthianum cham*	zana	1.367	0.032
34	*Glóbulos de eucalipto*	nechi bahir zaf	1.149	0.027
35	*Dracaena steudneri*	lanquso	1.112	0.026
36	*Capparis tomentosa lam.*	gumero	1.013	0.023
37	*Acácia-senegalesa*	wacha girar	0.758	0.018
38	*Ficus thonningi Blume*	chibeha	0.738	0.017
39	*Agave sisalina*	chiret	0.638	0.015
40	*Ximenia americana L.*	cais	0.635	0.015
41	*Cordia africana Lam.*	wanza	0.58	0.013
42	*Eucalyptus camaldulensis Dehnh*	key bahir zaf	0.515	0.012
43	*Cassipourea malosana (Bak.) Alston*	kereti	0.32	0.007
44	*Pterolobium stellatum (Forssk.)*	kentafa	0.298	0.007
45	*Acacia nilotica (L.) Willd. ex Delile*	cheba girar	0.282	0.007
46	*Citrus sinesis*	birtukan	0.273	0.006

47	*Cissus populnea Guill. &per.*	azo hregi	0.236	0.005
48	*Grewia ferruginea Hochst. ex A. Rich*	lenkuata	0.234	0.005
49	*Psydrax schimperiana Subsp.schimperiana*	segregado	0.209	0.005
50	*Combertum molle R.Br.ex G.Don*	abalo	0.158	0.004
51	*Erica arborea*	asita	0.135	0.003
52	*Entada abyssinica Steud.ex A.Rich.*	kontor	0.098	0.002
53	*Acokanthera schimperi (A.Dc) schweinf*	miragem	0.08	0.002
54	*Phytolacca dodecandra*	indodi	0.075	0.002
55	*Amionguria altussima*	kerero	0.102	0.002
56	*Crassocephalum sarcobasis (Dc) S.Moore*	miserichi	0.029	0.001
57	*Dombeya quinqueseta (Del.) Exell.*	wulkifa	0.039	0.001
58	*Myrsine africana L.*	kechemo	0.024	0.001
59	*Rhus glutinosa Hochst. ex. A. Rich*	tatisa	0.053	0.001
60	*Allophylus rubflorus (A. Rich)* ***Engl***	nececil	0.02	0.0005
61	*Clausena anisata Rutaceae*	limichi	0.016	0.0004
62	*Euphorbia tirucalli*	kinchib	0.019	0.0004
63	*Pittosporium viridflorum Sims*	dingay seber	0.015	0.0003
64	*Jasminum abyssinicum (Hochst,exDc.)*	tembelel	0.013	0.0003

65	*Schefflera abyssinica*	girawa	0.011	0.0003
66	*Aloé vera (A. barbadensis)*	erar	0.009	0.0002
67	*Café Arábica*	buna	0.006	0.0001
68	*Sideroxylon oxyacantha Baill.*	dabiza	0.01	0.0002
69	*Albizia lophantha*	xifréia	0.004	0.0001
G .Total			4319.894	100

Número de ocorrências de parcelas (N), frequência (f) e frequência relativa (FR) em (%) de espécies lenhosas por ordem decrescente.
(BA = Área basal, RBA = Área basal relativa)

Não	Nome específico	Nome amárico	N	F (%)	RF (%)
1	*Croton macrostachyus Del.Hochest.ez Del*	bisana	41	82	7.579
2	*Carissa edulis (forssek.) vahl*	Agam	38	76	7.024
3	*Maytenus arbutifolia*	Atati	35	70	6.470
4	*Acacia abyssinica subsp. Abyssinica*	bazira giear	30	60	5.545
5	*Allophylus abyssinicus (Hochst.) Radlk.*	embus	29	58	5.360
6	*Calpurnia aurea (Ait.) Benth.*	digita	28	56	5.176
7	*Olea europaea subsp. Cuspidata*	woyra	28	56	5.176
8	*Albizia gummifera*	Sesa	25	50	4.621
9	*Rosa abyssinica*	Kega	18	36	3.327

10	*Bersema abyssinica subsp. Abyssinica*	azamira	16	32	2.957
11	*Rhus vulgaris*	ashikamo	14	28	2.588
12	*Dodonaea viscosa L. f*	ktklta	13	26	2.403
13	*Juniperus procera Endl.*	yehabesha tid	13	26	2.403
14	*Agave sisalina*	chiret	12	24	2.218
15	*Celtis africana Burm. f.*	kawet	12	24	2.218
16	*Otostegia integrifolia Benth.*	tunjit	12	24	2.218
17	*Buddleja polystachya fresen*	Anfar	11	22	2.033
18	*Myrsine africana L.*	kechemo	11	22	2.033
19	*Prunus africanus (Pygeum africanum)*	tikur enchet	11	22	2.033
20	*Rhus retinorrhoea*	Tilem	11	22	2.033
21	*Cassipourea malosana (Bak.) Alston*	kereti	9	18	1.664
22	*Vernonia amygdalina Del.*	getem	7	14	1.294
23	*Pittosporium viridiflorum Sims*	dingay seber	6	12	1.109
24	*Capparis tomentosa lam.*	gumero	6	12	1.109
25	*Ficus sur Forssk*	Cardume	6	12	1.109
26	*Ekebergia capensis (E. rueppeliana)*	Loli	5	10	0.924
27	*Stereospermum kunthianum cham*	Zana	5	10	0.924

28	*Combertum molle R.Br.ex G.Don*	Abalo	4	8	0.739
29	*Cissus populnea Guill. &per.*	azo hregi	4	8	0.739
30	*Acalypha fruticosa forssk*	checho	4	8	0.739
31	*Pterolobium stellatum (Forssk.)*	kentafa	4	8	0.739
32	*Psydrax schimperiana Subsp.schimperiana*	segregado	4	8	0.739
33	*Olinia rochetiana*	Tifea	4	8	0.739
34	*Acacia lahai steudHochst.Ex Benth*	tikur girar	4	8	0.739
35	*Euclea racemosa (subsp. Schimperi).*	dediho	3	6	0.555
36	*Aloé vera (A. barbadensis)*	Erato	3	6	0.555
37	*Entada abyssinica Steud.ex A.Rich.*	kontor	3	6	0.555
38	*Dracaena steudneri*	lankuso	3	6	0.555
39	*Clausena anisata Rutaceae*	limichi	3	6	0.555
40	*Allophylus rubiflorus (A. Rich)* ***Engl***	nececil	3	6	0.555
41	*Acácia-senegalesa*	wacha girar	3	6	0.555
42	*Dombeya quinqueseta (Del.) Exell.*	wulkifa	3	6	0.555
43	*Trilepisium madagascariense*	Akiya	2	4	0.370

44	*Citrus sinesis*	birtukan	2	4	0.370
45	*Rhamnus prinoides*	Gasho	2	4	0.370
46	*Euphorbia tirucalli*	kinchib	2	4	0.370
47	*Euphorbia candelabrum*	kulqual	2	4	0.370
48	*Crassocephalum sarcobasis (Dc) S.Moore*	miserichi	2	4	0.370
49	*Glóbulos de eucalipto*	nechi bahir zaf	2	4	0.370
50	*Mimusops kummel A. DC.*	Olho	2	4	0.370
51	*Myrica salicifolia*	telha	2	4	0.370
52	*Ficus vasta Forssk.*	werka	2	4	0.370
53	*Erica arborea*	Asita	1	2	0.185
54	*Café Arábica*	Buna	1	2	0.185
55	*Acacia nilotica (L.) Willd. ex Delile*	cheba girar	1	2	0.185
56	*Ficus thonningi Blume*	chibeha	1	2	0.185
57	*Sideroxylon oxyacantha Baill.*	dabiza	1	2	0.185
58	*Schefflera abyssinica*	girawa	1	2	0.185
59	*Phytolacca dodecandra*	indodi	1	2	0.185

60	*Ximenia americana L.*	cais	1	2	0.185
61	*Amionguria altussima*	kerero	1	2	0.185
62	*Albizia lophantha*	cetegina	1	2	0.185
63	*Eucalyptus camaldulensis Dehnh*	key bahir zaf	1	2	0.185
64	*Grewia ferruginea Hochst. ex A. Rich*	lenkuata	1	2	0.185
65	*Acokanthera schimperi (A.Dc) schweinf*	miragem	1	2	0.185
66	*Rhus glutinosa Hochst. ex. A. Rich*	tatisa	1	2	0.185
67	*Jasminum abyssinicum (Hochst,exDc.)*	tembelel	1	2	0.185
68	*Cordia africana Lam.*	wanza	1	2	0.185
69	*Podocarpus falcatus (Thunb.) Mirb.*	ziguezague	1	2	0.185
G .Total			541	1082	100

Número de espécies com a família e o género correspondentes e percentagem de espécies lenhosas por ordem decrescente

Não	Família	não. espécies	%	género	Não, spp
1	Fabáceas	9	13.043	Acácia	4
2	Euphorbiaceae	4	5.797	Acalifa	1
3	Morácea	4	5.797	Acokanthera	1
4	Anacardiaceae	3	4.348	Albizia	2
5	Asteraceae	3	4.348	Alófilo	2

6	Oleáceas	3	4.348	Aloé	1
7	Sapindáceas	3	4.348	Artemísia	1
8	Sapotáceas	3	4.348	Bersema	1
9	Apocináceas	2	2.899	Buddleja	1
10	Myrtaceae	2	2.899	Calpúrnia	1
11	Rosácea	2	2.899	Capparis	1
12	Rubiáceas	2	2.899	Carissa	1
13	Agaváceas	1	1.449	Cassipourea	1
14	Aloeaceae	1	1.449	Celtis	1
15	Araliaceae	1	1.449	Cissus	1
16	Bignoniaceae	1	1.449	Citrinos	1
17	Boragináceas	1	1.449	Clausena	1
18	Capparidaceae	1	1.449	Coffiee	1
19	Celastraceae	1	1.449	Combertum	1
20	Combretáceas	1	1.449	Cordia	1
21	Cupressaceae	1	1.449	Crassocephalum	1
22	Ebenáceas	1	1.449	Croton	1
23	Ericaceae	1	1.449	Dodonaea	1
24	Lamiaceae	1	1.449	Dombeya	1
25	Loganiaceae	1	1.449	Dracaena	1
26	Meliáceas	1	1.449	Ekebergia	1

27	Melianthaceae	1	1.449	Entada	1
28	Myricaceae	1	1.449	Érica	1
29	Myrsinaceae	1	1.449	Eucalipto	2
30	Oliniaceae	1	1.449	Euclea	1
31	Fitolacáceas	1	1.449	Eufórbia	2
32	Pittosporaceae	1	1.449	Ficus	3
33	Podocarpaceae	1	1.449	Grewia	1
34	Ranunculáceas	1	1.449	Jasmim	1
35	Rhamnaceae	1	1.449	Junípero	1
36	Rhizophoraceae	1	1.449	Maytenus	1
37	Rutáceas	1	1.449	Mimusops	1
38	Esterculiáceas	1	1.449	Myrica	1
39	Tiliaceae	1	1.449	Myrsine	1
40	Ulmáceas	1	1.449	Olea	1
41	Vitaceae	1	1.449	Olinia	1
	Total	69	100.00	Otostegia	1
			43	Phytolacca	1
			44	Pittosporium	1
			45	Podocarpo	1
			46	Pouteria	1

47	Prunus	1
48	Psydrax	1
49	Pterolóbio	1
50	Rhamnus	1
51	Rhus	1
52	Rhus	2
53	Rosa	1
54	Schefflera	1
55	Sideroxylon	1
56	Stereospermum	1
57	Trilepisium	1
58	Vernónia	1
59	Ximénia	1
	Total	69

Índice de valor de importância das espécies lenhosas por ordem decrescente.
(RD) densidade relativa, (RBA) área basal relativa, (RF) frequência relativa e (IVI) índice de valor de importância

Não	Nome específico	RD(%)	RBA(%)	RF(%)	IVI(%)
1	*Carissa edulis (forssek.) vahl*	15.475	10.957	7.076	33.508
2	*Albizia gummifera*	4.771	22.873	4.655	32.300
3	*Olea europaea subsp. Cuspidata*	2.391	17.774	5.214	25.379

4	*Croton macrostachyus Del.Hochest.ez Del*	0.080	15.759	7.635	23.474
5	*Maytenus arbutifolia*	10.590	3.853	6.518	20.961
6	*Acacia abyssinica subsp. Abyssinica*	0.228	14.304	5.587	20.118
7	*Allophylus abyssinicus (Hochst.) Radlk.*	1.013	3.795	5.400	10.209
8	*Pittosporium viridiflorum Sims*	7.584	0.0003	1.117	8.701
9	*Otostegia integrifolia Benth.*	3.974	1.23	2.235	7.439
10	*Café Arábica*	7.174	0.0001	0.186	7.360
11	*Calpurnia aurea (Ait.) Benth.*	1.127	0.912	5.214	7.253
12	*Juniperus procera Endl.*	0.808	3.749	2.421	6.978
13	*Bersema abyssinica subsp. Abyssinica*	3.678	0.11	2.980	6.767
14	*Citrus sinesis*	5.659	0.006	0.372	6.038
15	*Rhus vulgaris*	3.063	0.215	2.607	5.885
16	*Rosa abyssinica*	1.298	0.15	3.352	4.800
17	*Phytolacca dodecandra*	4.316	0.002	0.186	4.504
18	*Rhus retinorrhoea*	1.936	0.241	2.048	4.225
19	*Pterolobium stellatum (Forssk.)*	3.359	0.007	0.745	4.111
20	*Prunus africanus (Pygeum africanum)*	1.526	0.313	2.048	3.887
21	*Buddleja polystachya fresen*	1.298	0.067	2.048	3.414
22	*Celtis africana Burm. f.*	0.729	0.287	2.235	3.250
23	*Vernonia amygdalina Del.*	1.241	0.501	1.304	3.046
24	*Myrsine africana L.*	0.706	0.001	2.048	2.755
25	*Dodonaea viscosa L. f*	0.148	0.042	2.421	2.611

26	*Euphorbia candelabrum*	2.015	0.041	0.372	2.429
27	*Agave sisalina*	0.046	0.015	2.235	2.295
28	*Albizia lophantha*	1.970	0.0001	0.186	2.156
29	*Ficus sur Forssk*	0.296	0.548	1.117	1.961
30	*Acacia lahai steud Hochst.Ex Benth*	0.444	0.728	0.745	1.917
31	*Aloé vera (A. barbadensis)*	1.241	0.0002	0.559	1.800
32	*Cassipourea malosana (Bak.) Alston*	0.034	0.007	1.676	1.717
33	*Ekebergia capensis (E. rueppeliana)*	0.501	0.179	0.931	1.611
34	*Capparis tomentosa lam.*	0.194	0.023	1.117	1.334
35	*Sideroxylon oxyacantha Baill.*	1.105	0.0002	0.186	1.291
36	*Olinia rochetiana*	0.410	0.047	0.745	1.202
37	*Rhamnus prinoides*	0.649	0.074	0.372	1.095
38	*Grewia ferruginea Höchst. ex A. Rich*	0.865	0.005	0.186	1.057
39	*Stereospermum kunthianum cham*	0.068	0.032	0.924	1.025
40	*Dombeya quinqueseta (Del.) Exell.*	0.433	0.001	0.559	0.992
41	*Combertum molle R.Br.ex G.Don*	0.239	0.004	0.745	0.988
42	*Cissus populnea Guill.&per.*	0.228	0.005	0.745	0.978
43	*Psydrax schimperiana Subsp.schimperiana*	0.205	0.005	0.745	0.955
44	*Entada abyssinica Steud.ex A.Rich.*	0.307	0.002	0.559	0.868
45	*Ficus thonningi Blume*	0.660	0.017	0.186	0.864
46	*Schefflera abyssinica*	0.649	0.0003	0.186	0.836

47	*Euclea racemosa (subsp. Schimperi)*	0.102	0.164	0.559	0.825
48	*Glóbulos de eucalipto*	0.421	0.027	0.372	0.821
49	*Dracaena steudneri*	0.228	0.026	0.559	0.812
50	*Acalypha fruticosa forssk*	0.023	0.042	0.745	0.810
51	*Mimusops kummel A. DC.*	0.080	0.352	0.372	0.804
52	*Podocarpus falcatus (Thunb.) Mirb.*	0.353	0.215	0.186	0.754
53	*Acácia-senegalesa*	0.137	0.018	0.559	0.713
54	*Clausena anisata Rutaceae*	0.114	0.0004	0.559	0.673
55	*Trilepisium madagascariense*	0.216	0.061	0.372	0.650
56	*Myrica salicifolia*	0.182	0.063	0.372	0.618
57	*Allophylus rubiflorus (A. Rich)* ***Engl***	0.023	0.0005	0.559	0.582
58	*Acokanthera schimperi (A.Dc) schweinf*	0.387	0.002	0.186	0.575
59	*Crassocephalum sarcobasis (Dc) S.Moore*	0.171	0.001	0.372	0.544
60	*Amionguria altussima*	0.353	0.002	0.186	0.541
61	*Ficus vasta Forssk.*	0.046	0.096	0.372	0.514
62	*Euphorbia tirucalli*	0.068	0.0004	0.372	0.441
63	*Acacia nilotica (L.) Willd. ex Delile*	0.137	0.007	0.186	0.330
64	*Ximenia americana L.*	0.068	0.015	0.186	0.270
65	*Rhus glutinosa Hochst. ex. A. Rich*	0.068	0.001	0.186	0.256
66	*Jasminum abyssinicum (HochstexDc.)*	0.068	0.0003	0.186	0.255
67	*Cordia africana Lam.*	0.034	0.013	0.186	0.233

68	*Eucalyptus camaldulensis Dehnh*	0.023	0.012	0.186	0.221
69	*Erica arborea*	0.023	0.003	0.186	0.212
G .Total		100.00	100.00	100.00	300.79

Estado de regeneração das espécies lenhosas por ordem decrescente (D/ha)= densidade por hectare

Não	Nome específico	Saping total	Total de mudas	Rebento D/ha	Plântula D/ha	Total de seiva e sementes
1	*Carissa edulis (forssek.) vahl*	449	386	143.68	123.52	267.2
2	*Maytenus arbutifolia*	308	363	98.56	116.16	214.72
3	*Calpurnia aurea (Ait.) Benth.*	257	254	82.24	81.28	163.52
4	*Croton macrostachyus Del.Hochest.ez Del*	248	157	79.36	50.24	129.6
5	*Acacia abyssinica subsp. Abyssinica*	209	129	66.88	41.28	108.16
6	*Otostegia integrifolia Benth.*	144	173	46.08	55.36	101.44
7	*Bersema abyssinica subsp. Abyssinica*	139	143	44.48	45.76	90.24
8	*Allophylus abyssinicus (Hochst.) Radlk.*	174	99	55.68	31.68	87.36
9	*Albizia gummifera*	171	72	54.72	23.04	77.76
10	*Rosa abyssinica*	119	121	38.08	38.72	76.8
11	*Rhus vulgaris*	119	108	38.08	34.56	72.64
12	*Cassipourea malosana (Bak.) Alston*	94	69	30.08	22.08	52.16

13	*Dodonaea viscosa L. f*	66	84	21.12	26.88	48
14	*Rhus retinorrhoea*	71	59	22.72	18.88	41.6
15	*Olea europaea subsp. Cuspidata*	92	37	29.44	11.84	41.28
16	*Myrsine africana L.*	72	35	23.04	11.2	34.24
17	*Rhamnus prinoides*	27	76	8.64	24.32	32.96
18	*Buddleja polystachya fresen*	62	30	19.84	9.6	29.44
19	*Prunus africanus (Pygeum africanum)*	46	44	14.72	14.08	28.8
20	*Pittosporium viridiflorum Sims*	40	47	12.8	15.04	27.84
21	*Agave sisalina*	32	47	10.24	15.04	25.28
22	*Euclea racemosa (subsp. Schimperi)*	17	32	5.44	10.24	15.68
23	*Dracaena steudneri*	26	19	8.32	6.08	14.4
24	*Vernonia amygdalina Del.*	15	29	4.8	9.28	14.08
25	*Capparis tomentosa lam.*	13	30	4.16	9.6	13.76
26	*Clausena anisata Rutaceae*	27	15	8.64	4.8	13.44
27	*Celtis africana Burm. f*	14	26	4.48	8.32	12.8
28	*Acalypha fruticosa forssk*	26	8	8.32	2.56	10.88

29	*Allophylus rubiflorus (A. Rich)* ***Engl***	12	22	3.84	7.04	10.88
30	*Aloé vera (A. barbadensis)*	7	25	2.24	8	10.24
31	*Juniperus procera Endl.*	13	16	4.16	5.12	9.28
32	*Dombeya quinqueseta (Del.) Exell.*	5	23	1.6	7.36	8.96
33	*Stereospermum kunthianum cham*	16	11	5.12	3.52	8.64
34	*Euphorbia tirucalli*	16	8	5.12	2.56	7.68
35	*Podocarpus falcatus (Thunb.) Mirb.*	8	16	2.56	5.12	7.68
36	*Acacia lahai steud Hochst.Ex Benth*	14	9	4.48	2.88	7.36
37	*Olinia rochetiana*	8	13	2.56	4.16	6.72
38	*Pterolobium stellatum (Forssk.)*	10	10	3.2	3.2	6.4
39	*Glóbulos de eucalipto*	3	15	0.96	4.8	5.76
40	*Myrica salicifolia*	11	3	3.52	0.96	4.48
41	*Schefflera abyssinica*	4	10	1.28	3.2	4.48
42	*Psydrax schimperiana Subsp.schimperiana*	4	10	1.28	3.2	4.48
43	*Euphorbia candelabrum*	7	6	2.24	1.92	4.16
44	*Ficus sur Forssk*	5	8	1.6	2.56	4.16
45	*Combertum molle RBr.ex G.Don*	4	8	1.28	2.56	3.84

46	*Acokanthera schimperi (A.Dc) schweinf*	4	7	1.28	2.24	3.52
47	*Ekebergia capensis (E. rueppeliana)*	8	2	2.56	0.64	3.2
48	*Cissus populnea Guill.&per.*	2	8	0.64	2.56	3.2
49	*Trilepisium madagascariense*	3	6	0.96	1.92	2.88
50	*Cofflee Arábica*	3	6	0.96	1.92	2.88
51	*Ximenia americana L.*	7	1	2.24	0.32	2.56
52	*Grewia ferruginea Hochst. ex A. Rich*	7	0	2.24	0	2.24
53	*Sideroxylon oxyacantha Baill.*	5	2	1.6	0.64	2.24
54	*Entada abyssinica Steud.ex A.Rich.*	2	5	0.64	1.6	2.24
55	*Rhus glutinosa Hochst. ex. A. Rich*	0	4	0	1.28	1.28
56	*Ficus thonningi Blume*	3	0	0.96	0	0.96
57	*Phytolacca dodecandra*	3	0	0.96	0	0.96
58	*Acácia-senegalesa*	0	3	0	0.96	0.96
59	*Ficus vasta Forssk.*	2	0	0.64	0	0.64
60	*Mimusops kummel A. DC.*	1	0	0.32	0	0.32
61	*Jasminum abyssinicum (HochstexDc.)*	0	1	0	0.32	0.32
62	*Erica arborea*	0	0	0	0	0
63	*Citrus sinesis*	0	0	0	0	0

64	*Acacia nilotica (L.) Willd. ex Delile*	0	0	0	0	0
65	*Amionguria altussima*	0	0	0	0	0
66	*Albizia lophantha*	0	0	0	0	0
67	*Eucalyptus camaldulensis Dehnh*	0	0	0	0	0
68	*Crassocephalum sarcobasis (Dc) S.Moore*	0	0	0	0	0
69	*Cordia africana Lam.*	0	0	0	0	0
Total		3274	2950	1047.68	1047.68	944

Similaridade entre a floresta natural de Woynwuha e o sítio seletivo W = floresta de Woynwuha, Tg = floresta de Tara gedam, Dl = floresta de Debre-libanos, M = floresta de Metema

Não	Nome botânico	Família	Forma de vida	W	Tg	Dl	M
1	*Acacia abyssinica subsp. Abyssinica*	Fabáceas	Árvore	X	X	X	
2	*Acácia (Foidheribia Albida)*	Fabáceas	Árvore			X	
3	*Acacia lahai steud Hochst.Ex Benth*	Fabáceas	Árvore/arbusto	X	X		
4	*Acácia-negra*	Fabáceas	Árvore		X		
5	*Acacia nilotica (L.) Willd. ex Delile*	Fabáceas	Árvore	X			
6	*Acácia pilispina*	Fabáceas	Árvore/arbusto		X		
7	*Acacia polyacantha Willd.*	Fabáceas	Árvore				X
8	*Acácia-senegalesa*	Fabáceas	Árvore	X			X
9	*Acacia sieberiana Dc*	Fabáceas	Árvore				X
10	*Acalypha fruticosa forssk*	Euphorbiaceae	Arbusto	X			

11	*Acanto polistachius*	Acantáceas	Arbusto		X		
12	*Acokanthera schimperi (A.Dc) schweinf*	Apocináceas	Árvore/arbusto	X	X	X	
13	*Agave sisalina*	Aloeaceae	Arbusto	X			
14	*Albizia gummifera*	Fabáceas	Árvore	X	X		
15	*Albizia lophantha (willd.) Benth*	Fabáceas	Árvore	X			X
16	*Albizia melanoxylon (A. Rich) Walp.*	Fabáceas	Árvore				X
17	*Allophylus abyssinicus (Hochst.) Radlk.*	Sapindáceas	Árvore	X			
18	*Allophylus rubiflorus (A. Rich)* ***Engl***	Sapindáceas	Arbusto	X			X
19	*Aloé vera (A. barbadensis)*	Astrácia	Árvore/arbusto	X			
20	*Amionguria altussima*	Sapotáceas	Árvore	X			
21	*Anogeissus leiocarrpa (A. Rich)*	Combretáceas	Árvore				X
22	*Apodytes dimidiata*	Icacináceas	Árvore		X		
23	*Espargos africanos*	Asparagaceae	Arbusto		X		X
24	*Balanites aegyptiaca (L.) Del*	Zygophyllaceae	Árvore				X
25	*Barleria ventricosa*	Acantáceas	Arbusto		X		
26	*Bersema abyssinica subsp. Abyssinica*	Melianthaceae	Árvore/arbusto	X	X	X	
27	*Boscia mossambicensis Klosch*	Capparáceas	Árvore/arbusto				X
28	*Boswellia papyrifera Hochst. ex A. Rich*	Burseraceae	Árvore				X
29	*Boswellia pirottae Choiv*	Burseraceae	Árvore				X
30	*Bridelia micrantha (Hochst.) Baill*	Euphorbiaceae	Árvore/arbusto		X	X	
31	*Brucea antidysenterica*	Simaroubaceae	Árvore/arbusto		X	X	

32	*Buddleja polystachya fresen*	Loganiaceae	Árvore/arbusto	X	X		
33	*Calotropis procera L.*	Asclepiadáceas	Arbusto		X	X	
34	*Calpurnia aurea (Ait.) Benth.*	Fabáceas	Árvore/arbusto	X	X	X	
35	*Capparis tomentosa lam.*	Capparidaceae	Arbusto	X	X	X	
36	*Carissa edulis (forssek.) vahl*	Apocináceas	Árvore/arbusto	X		X	
37	*Carissa spinarum*	Apocináceas	Arbusto		X	X	
38	*Cassipourea malosana (Bak.) Alston*	Rhizophoraceae	Arbusto	X			
39	*Casuarina cunninghamiana*	Casuarinaceae	Árvore		X		
40	*Celtis africana Burm. f.*	Ulmáceas	Árvore	X	X		
41	*Cissus populnea Guill. &per.*	Vitaceae	Alpinista	X		X	
42	*Citrus sinesis*	Rutáceas	Árvore	X			
43	*Clausena anisata Rutaceae*	Ranunculáceas	Árvore/arbusto	X	X		
44	*Clerodendrum myricoides*	Lamiaceae	Arbusto		X		
45	*Clutia abyssinica*	Euphorbiaceae	Arbusto		X		
46	*Clutia lanceolata*	Euphorbiaceae	Arbusto		X		
47	*Café Arábica*	Rubiáceas	Árvore	X			
48	*Cobretum adenogonium Steud.ex A.Rich*	Combretáceas	Árvore				X
49	*Combretum collinum Fresen*	Combretáceas	Árvore				X
50	*Combretum hartmannianum Schweinf*	Combretáceas	Árvore				X
51	*Combertum molle R.Br.ex G.Don*	Combretáceas	Árvore	X	X		X
52	*Cordia africana Lam.*	Boragináceas	Árvore	X	X	X	

53	*Crassocephalum sarcobasis (Dc) S.Moore*	Asteraceae	Árvore	X			
54	*Croton macrostachyus Del.Hochest.ez Del*	Euphorbiaceae	Árvore	X	X	X	
55	*Cultia abyssinica jaub & spach*	Euphorbiaceae	Árvore			X	
56	*Cupressus lusitanica*	Cupressaceae	Árvore		X		
57	*Dalbergia melanoxylon Guill. & Perr*	Fabáceas	Árvore/arbusto				X
58	*Dichrostachys cinerea Wight & Am*	Fabáceas	Árvore/arbusto				X
59	*Dioscorea prahensilis Benth*	Dioscoreaceae	Alpinista				X
60	*Diospyros abyssinica (Hiem) F. Wite*	Ebenáceas	Árvore				X
61	*Dodonaea angustifolia*	Sapindáceas	Arbusto		X		
62	*Dodonaea viscosa L. f*	Sapindáceas	Árvore/arbusto	X		X	
63	*Dombeya quinqueseta (Del.) Exell.*	Sterculiaceae	Árvore	X			
64	*Dombeya torrida*	Sterculiaceae	Árvore/arbusto		X	X	
65	*Dovyalis abyssinica*	Flacourtiaceae	Árvore/arbusto		X	X	
66	*Dracaena steudneri*	Agaváceas	Árvore	X			
68	*Ehretia cymosa*	Boragináceas	Árvore/arbusto		X		
69	*Ekebergia capensis (E. rueppeliana)*	Meliáceas	Árvore	X	X		
70	*Embélia schimperi*	Myrsinaceae	Árvore/arbusto		X		
71	*Entada abyssinica Steud.ex A.Rich.*	Fabáceas	Árvore	X			
72	*Erica arborea*	Ericaceae	Árvore	X			
73	*Erythrina abyssinica*	Fabáceas	Árvore/arbusto		X		
74	*Eucalyptus camaldulensis Dehnh*	Myrtaceae	Árvore	X	X		

75	*Glóbulos de eucalipto*	Myrtaceae	Árvore	X	X		
76	*Euclea racemosa (subsp. Schimperi)*	Ebenáceas	Árvore/arbusto	X	X	X	
77	*Euphorbia abyssinica*	Euphorbiaceae	Árvore		X	X	
78	*Euphorbia candelabrum*	Euphorbiaceae	Árvore/arbusto	X			
79	*Euphorbia tirucalli*	Euphorbiaceae	Árvore/arbusto	X	X		
80	*Ficus sur Forssk*	Morácea	Árvore	X	X	X	
81	*Ficus sycomorus*	Moráceas	Árvore		X		X
82	*Ficus thonningi Blume*	Morácea	Árvore/arbusto	X	X		X
83	*Ficus vasta Forssk.*	Morácea	Árvore	X	X	X	
84	*Flueggea virosa Guill. & Perr*	Phyllanthaceae	Árvore				X
85	*Galiniera coffeoides Del.*	Rubiáceas	Arbusto			X	
86	*Gardenia ternifolia Schumach & Thonn*	Rubiáceas	Árvore/arbusto				X
87	*Gnidia glauca*	Thymelaeaceae	Arbusto		X		
88	*Grewia bicolor Juss.*	Malyaceae	Árvore				X
89	*Grewia ferruginea Hochst. ex A. Rich*	Tiliaceae	Árvore/arbusto	X	X	X	
90	*Hibiscus macranthus*	Malvaceae	Arbusto		X		X
91	*Hymenodictyon floribundum*	Rubiáceas	Árvore/arbusto		X		
92	*Hypericum quartinianum*	Clusiaceae	Árvore/arbusto		X	X	
93	*Jasminum abyssinicum (Hochst.ex Dc.)*	Oleáceas	Alpinista	X			

94	*Juniperus procera Endl.*	Cupressaceae	Árvore	X		X	
95	*Justicia schimperiana*	Acantáceas	Árvore			X	
96	*Lannea fruticosa (Hochst. ex A. Rich)*	Anacardiaceae	Árvore				X
97	*Lantana trifolia*	Verbenáceas	Arbusto			X	
99	*Lantana trifolia(L.*	Verbenáceas	Arbusto			X	
100	*Lonchocarpus laxiflorus Guill. & Perr*	Fabáceas	Árvore				
101	*Maesa lanceolata*	Myrsinaceae	Arbusto			X	
102	*Maytenus arbutifolia*	Celastraceae	Arbusto	X		X	
103	*Mimusops kummel A. DC.*	Sapotáceas	Árvore	X	X		
104	*Myrica salicifolia*	Myricaceae	Árvore	X			
105	*Myrsine africana L.*	Myrsinaceae	Árvore/arbusto	X	X	X	
106	*Nuxia congesta*	Loganiaceae	Árvore/arbusto		X		
107	*Ochna leucophloeos Hochst. ex A. Rich*	Ochnaceae	Árvore				X
108	*Ocimum urticifolium*	Lamiaceae	Arbusto		X	X	X
109	*Olea europaea subsp. Cuspidata*	Oleáceas	Árvore/arbusto	X	X	X	
110	*Olinia rochetiana*	Oliniaceae	Árvore	X			
111	*Osyris quadripartita*	Santalaceae	Árvore/arbusto		X	X	
112	*Otostegia fruticosa*	Lamiaceae	Arbusto			X	
113	*Otostegia integrifolia Benth.*	Lamiaceae	Arbusto	X	X		

114	*Otostegia tomentosa*	Lamiaceae	Arbusto		X		
115	*Pavetta abyssinica*	Rubiáceas	Árvore/arbusto		X		
116	*Pavonia urens*	Malvaceae	Arbusto		X		
117	*Fénix reclinata*	Arecaceae	Árvore		X	X	
118	*Phytolacca dodecandra*	Fitolacáceas	Alpinista	X		X	
119	*Piliostigma thonningii (Schumach)*	Fabáceas	Árvore				X
120	*Pittosporium viridflorum Sims*	Pittosporaceae	Árvore	X			
121	*Podocarpus falcatus (Thunb.) Mirb.*	Podocarpaceae	Árvore	X		X	
122	*Pouteria adolfl-friederidi*	Santalaceae	Árvore			X	
123	*Premna angolensis(Guerre.*	Verbenáceas	Árvore			X	
124	*Premna resinosa*	Verbenáceas	Árvore			X	
125	*Premna schimperi*	Verbenáceas	Árvore/arbusto		X		
126	*Protea gaguedi*	Proteáceas	Árvore/arbusto		X		
127	*Prunus africanus (Pygeum africanum)*	Rosáceas	Árvore	X	X		
128	*Psydrax schimperiana Subsp.schimperiana*	Rubiáceas	Árvore	X			
129	*Pterocarpus lucens Guill. & Perr*	Fabáceas	Árvore				X
130	*Pterolobium stellatum (Forssk.)*	Fabáceas	Arbusto	X	X		
131	*Rhamnus prinoides*	Rhamnaceae	Árvore/arbusto	X	X		
132	*Rhamnus staddo*	Rhamnaceae	Árvore/arbusto		X		

133	*Rhus glutinosa Hochst. ex. A. Rich*	Anacardiaceae	Árvore/arbusto	X	X	X	
134	*Rhus natalensis*	Anacardiaceae	Árvore			X	
135	*Rhus retinorrhoea*	Anacardiaceae	Árvore	X		X	
136	*Rhus vulgaris*	Anacardiaceae	Árvore/arbusto	X	X		
137	*Ricinus communis*	Euphorbiaceae	Árvore			X	
138	*Ritchiea albersii*	Capparidaceae	Árvore/arbusto		X		
139	*Rosa abyssinica*	Rosácea	Árvore/arbusto	X	X	X	
140	*Rubus steudneri*	Rosáceas	Arbusto		X		
141	*Rumex nervosus*	Polygonaceae	Arbusto		X	X	
141	*Salix mucronata(s.subserrata*	Salicáceas	Árvore			X	
142	*Satanocrater ruspolii (I.indau.) Lindau*	Acantáceas	Arbusto				X
143	*Senna aliexandrina*	Fabáceas	Árvore			X	
144	*Sapium ellipticum*	Euphorbiaceae	Árvore/arbusto		X		
145	*Schefflera abyssinica*	Araliaceae	Árvore	X	X		
146	*Schinus molle*	Anacardiaceae	Árvore		X		
147	*Schrebera alata*	Oleáceas	Árvore/arbusto		X		
148	*Scolopia theifolia*	Flacourtiaceae	Árvore		X		
149	*Senna didymobotrya*	Fabáceas	Arbusto		X		X
150	*Sida ovata*	Malvaceae	Arbusto		X	X	X
160	*Sideroxylon oxyacantha Baill.*	Sapotáceas	Árvore/arbusto	X			
161	*Solanum anguivi*	Solanáceas	Arbusto		X		X

162	*Solanum giganteum*	Solanáceas	Árvore/arbusto		X		
163	*Solanum incanum*	Solanáceas	Arbusto		X	X	
164	*Solanum marginatum*	Solanáceas	Arbusto		X		
165	*Steganotaenia araliacea*	Apiaceae	Árvore		X		
166	*Sterculea setigera Del.*	Esterculiáceas	Árvore				X
167	*Stereospermum kunthianum cham*	Bignoniaceae	Árvore/arbusto	X	X	X	X
168	*Strychnos innocua Del*	Loganiaceae	Árvore/arbusto				X
169	*Syzygium guineense*	Myrtaceae	Árvore/arbusto		X		
170	*Tamarindus indica L*	Fabáceas	Árvore				X
171	*Teclea nobilis*	Rutáceas	Árvore/arbusto		X	X	
172	*Terminalia laxiflora Engl. & Diels*	Combretáceas	Árvore				X
173	*Trilepisium madagascariense*	Morácea	Árvore	X			
174	*Vernonia amygdalina Del*	Asteraceae	Árvore/arbusto	X	X		
175	*Vernonia brachycalyx*	Asteraceae	Arbusto		X		
176	*Vernonia congolensis*	Asteraceae	Arbusto		X		
177	*Vernonia myriantha*	Asteraceae	Árvore/arbusto		X		
178	*Viscum nervosum(Hochs.Ex.A.Rich)*	Loranthaceae	Árvore			X	
179	*Ximenia americana L.*	Oleáceas	Árvore/arbusto	X	X		X

180	*Ziziphus spina-christi (L.) Desf.*	Rhamnaceae	Árvore/arbusto				X

Número de quadrantes e suas caraterísticas

Quadrante Não	Número de indivíduos	Altitude	Norte	Nascente	Transecto n.º,
1	128	2700	100 ,63.168	03 80 ,14.166	ponto de partida
2	108	2555	100 ,52.398	03 80 ,13.767	T1
3	309	2544	100 ,52.415	03 80 ,13.723	
4	194	2547	100 ,52.429	03 80 ,13.7 1 0	T2
5	271	2563	100 ,52.480	03 80 ,13.725	
6	225	2567	100 ,52.520	03 80 ,13.741	
7	164	2573	100 ,52.539	03 80 ,13.7 1 2	
8	175	2560	100 ,52.605	03 80 ,13.626	
9	170	2564	100 ,52.623	03 80 ,13.473	
10	367	2529	100 ,52.509	03 80 ,13.907	T3
11	320	2544	100 ,52.556	03 80 ,13.93 8	
12	171	2546	100 ,52.581	03 80 ,13.93 0	
13	243	2550	100 ,52.597	03 80 ,13.911	
14	293	2559	100 ,52.629	03 80 ,13.904	
15	318	2548	100 ,52.600	03 80 ,13.88 8	T4

16	260	2540	100 ,52.552	03 80 ,13.870	
17	188	2535	100 ,52.560	03 80 ,13.832	
18	211	2550	100 ,52.294	0380 ,14.698	T5
19	216	2538	100 ,52.273	03 80 ,14.6 1 0	
20	271	2385	100 ,52.172	03 80 ,14.681	
21	185	2550	100 ,52.155	0380 ,14.724	
22	217	2255	100 ,52.148	03 80 ,14.831	
23	191	2435	100 ,52.234	03 80 ,14.75 5	T6
24	226	2422	100 ,52.205	03 80 ,14.760	
25	211	2400	100 ,52.109	0380 ,14.695	
26	188	2385	100 ,52.171	03 80 ,14.681	
27	160	2376	100 ,52.157	0380 ,14.693	
28	290	2333	100 ,52.134	03 80 ,14.751	T7
29	287	2360	100 ,52.109	03 80 ,14.770	
30	185	2320	100 ,52.090	03 80 ,14.682	
31	168	2390	100 ,52.040	03 80 ,14.775	
32	141	2300	100 ,52.753	03 80 ,14.75 3	T8
33	124	2530	100 ,51.944	03 80,14.849	

34	159	2432	100 ,52,050	03 80,14.9 1 8	T9
35	112	2607	100 ,51.949	0380,14.904	
36	81	2643	100 ,51,992	0380,14.990	
37	107	2691	100 ,52.375	03 80,14.3 1 0	T10
38	55	2649	100 ,52.476	03 80,14.5 86	
39	100	2621	100 ,52.526	0380,14.995	
40	79	2489	100 ,52.566	03 80,14.45 0	
41	132	2375	100 ,52.705	03 80,14.308	
42	69	2325	100 ,52.868	03 80,14.45 0	
43	41	2398	100 ,52.996	03 80,14.321	
44	103	2468	100 ,53.088	03 80,14.173	
45	102	2697	100 ,53,108	0380,14.146	
46	32	2432	100 ,51.454	03 80,14.431	T11
47	59	2376	100 ,51.413	03 80,14.311	
48	97	2251	100 ,51.360	03 80,14.168	
49	44	2268	100 ,51.314	03 80,14.33 7	
50	65	2473	100 ,51.552	03 80,14.560	

HH e caraterísticas sócio-económicas dos inquiridos (N=50) no local de estudo

Caraterísticas socioeconómicas		Frequência	Percentagem (100%)
Sexo	Masculino	33	66
	Feminino	17	34
Idade	20-40	21	42
	41-60	24	48
	61-80	3	6
	>81	2	4
Estado civil	Casado	34	68
	Individual	12	24
	Divorciado	4	8
Nível de educação	Analfabeto	24	48
	Ler e escrever	6	12
	Escola primária (1-6)	12	24
	Escola preparatória (7-8)	6	12
	Ensino secundário (9-12)	2	4

Tamanho da família	Zero	11	22
	1-3	2	4
	4-6	24	48
	7-10	13	26
Ocupação	Agricultura	36	72
	Agricultura e outros	14	28
Religião	Ortodoxo (kibat)	50	100
Estatuto de riqueza	Pobres	8	16
	Médio	40	80
	Rico	2	4

Folha de recolha de dados no terreno

Questionário para as famílias

Informações gerais

1. Nome do inquirido: ______________________________ Sexo___ Idade______
2. Endereço:
   Kebele: __________________________
3. Estado civil do inquirido:
   1) Casado 2) solteiro 3) divorciado 4) viúvo
4. Nível de educação:
   1) Analfabeto2) Lê e escreve3) Ensino primário (1-6)
   4) Escola primária (7-8) 5) Escola secundária (9-12) 6) Igreja
5. Tamanho da família: Total ----------------(Masculino -------------- Feminino)
6. Estatuto de riqueza
   1) Pobre 2) médio3) rico
7. Ocupação
   1) Agricultura2) Agricultura e outros
8. Religião 1) Ortodoxa2) muçulmana

Estado atual das florestas

1. Qual era o estado da cobertura do solo da floresta de Woynwuha antes de 15 anos? a) Aumento
   b) Diminuir

c) Como está

2. Se existiam árvores, que espécies de árvores eram dominantes?

____

____

3. Que espécies de árvores são dominantes atualmente e porquê?

____

____.

4. Se diminuiu, quais foram as principais razões para tal?
   A) Expansão das terras agrícolas
   B) Recolha de lenha
   C) Construção de agregados familiares e outras infra-estruturas
   D) Infraestrutura da antera
   E) Utilizações para pastagens
   F) Corte ilegal

5) O que é que acha que vai acontecer nos próximos 10, 20, 30 anos da cobertura florestal natural de woynwuha?

6) O que acha que deve ser feito para aumentar a cobertura florestal natural de Woynwuha?

7) Existe um sentimento de propriedade na floresta de Woynwuha?
   A) SimB) Não

8) Para que fins precisa mais de árvores? Por ordem de prioridade?

Não	Objetivo	Tipo de árvore/arbusto
1	Combustível (lenha)	
2	Construção	
3	Ferramentas agrícolas	
4	Fodders	
5	Conservação dos solos	
6	Sombra	
7	Vedação	
10	Madeira	
11	Alimentação do gado	

9) Qual é o grau de participação da comunidade na gestão atual da vegetação natural de Woynwuha?
   1. Excelente 2. Bom 3. Médio 4. Mau
10) Existem leis comunitárias locais para gerir a floresta natural de Woynwuha?
   1. Sim2 . Não
   11) Se sim, o que é que diz?

----

12) Onde obteria produtos de madeira para combustível?
   A) Da floresta de Woynwuha B) Dos quintais
   C) Da zona agrícolaD) Todos
13) Há falta de lenha?
   1. Sim2 . Não
14) Quais são as limitações que se verificaram para aumentar a diversificação das diferentes espécies de árvores na floresta natural de Woynwuha?
15) Qual é o sentimento geral da comunidade em relação à floresta natural?
   1. A maioria é feliz 2. Poucos são felizes 3. A maioria é infeliz
   4. Poucos querem utilizar o sítio para fins pessoais 5. Poucos o utilizam ilegalmente fora da comunidade
16) Que mudanças observou depois de ter protegido a floresta natural de Woynwuha?
   1. Regeneração de árvores 2. Regeneração de gramíneas
   3. Redução da erosão do solo 4. Diversidade de espécies
   5. Mais vida selvagem protegida 6. Todos 7. Outros descrevem
17) Há algum benefício que tenha obtido da floresta natural de Woynwuha?
   1. Sim2 . Não
18) Em caso afirmativo, que benefícios obtém da floresta natural de Woynwuha?
19) Como é que se partilham os benefícios obtidos?
20) Há algum problema na partilha dos benefícios?
   1. Sim2 . Não
21) Em caso afirmativo, qual o problema?
22) Existe alguma guarda de sítio para a zona de floresta natural de Woynwuha?
   1. Sim2 . Não
23) Em caso afirmativo, quem é?
   1. A comunidade 2. O governo 3. Tanto a comunidade como o governo
24) Agora, quem é responsável pela proteção do sítio da floresta natural de Woynwuha?
   1. População local 2. Gabinete da agricultura e dos recursos naturais 3. Ambos
25) Qual é o principal problema da plantação/manutenção de árvores? ----------------------------
-

Apicultura e pecuária

1) Beneficiou da floresta natural de Woynwuha para abelhas e forragem para animais? A) SimB) Não
2) Em caso afirmativo, enumerar as espécies e definir as prioridades? ____________

--.

3) Informações adicionais provenientes da observação da diversidade da floresta natural de Woynwuha e da gestão das árvores pelos inquiridos ? ---

Ficha de dados para o inventário das espécies lenhosas

Nome do sítio ______________________ Número do transecto _____ Número da parcela__
AltitudeGPS ___________ : _______________________EsteNorte ____________

Inventário das árvores	Inventário de mudas	Inventário de plântulas

Espécie de árvore (nome local)	Espécie de árvore/nome fictício	DAP (cm)	Altura (m)	Nome da planta (local)	Nome da amostra/científico	Número de amostragem	Nome da sementeira / (local)	Nome da plântula/cientista	N.º de plântulas

Printed by Books on Demand GmbH, Norderstedt / Germany